城工学院理工类学术专著出版基金

家自然科学基金项目（61502411）

苏省自然科学基金项目（BK20150432）

苏省高校自然科学研究面上项目（15KJB520034）

国博士后研究基金项目（2015M581843）

苏省"青蓝工程"、盐城工学院"2311"人才工程

城工学院人才引进项目（KJC2014038）

基于网络编码感知的
无线多跳网络路由技术研究

邵　星　王翠香——▶著

江苏大学出版社

JIANGSU UNIVERSITY PRESS

镇江

图书在版编目(CIP)数据

　　基于网络编码感知的无线多跳网络路由技术研究 /
邵星，王翠香著. — 镇江：江苏大学出版社，2019.11
(2024.4 重印)
　　ISBN 978-7-5684-1244-5

　　Ⅰ. ①基… Ⅱ. ①邵… ②王… Ⅲ. ①无线电通信－
通信网－数据传输－路由协议－信息编码－研究 Ⅳ.
①TN92②TN915.04

　　中国版本图书馆 CIP 数据核字(2019)第 277075 号

基于网络编码感知的无线多跳网络路由技术研究
Jiyu Wangluo Bianma Ganzhi De Wuxian Duotiao
Wangluo Luyou Jishu Yanjiu

著　　者/邵　星　王翠香
责任编辑/徐　婷
出版发行/江苏大学出版社
地　　址/江苏省镇江市京口区学府路 301 号(邮编：212013)
电　　话/0511-84446464(传真)
网　　址/http：//press.ujs.edu.cn
排　　版/镇江市江东印刷有限责任公司
印　　刷/北京一鑫印务有限责任公司
开　　本/890 mm×1 240 mm　1/32
印　　张/7.125
字　　数/204 千字
版　　次/2019 年 11 月第 1 版
印　　次/2024 年 4 月第 2 次印刷
书　　号/ISBN 978-7-5684-1244-5
定　　价/50.00 元

如有印装质量问题请与本社营销部联系(电话：0511-84440882)

前　言

　　无线多跳网络是一种由带有无线收发设备的节点，以自组织的方式构建的无线通信系统。无线多跳网络中每个节点同时具有路由节点和终端节点功能，任意两个不在相互通信范围内的节点之间如要进行通信，需要其他节点转发，数据才能最终到达目的节点。由于网络中每个节点功能与地位对等，没有中心化节点，也不需要任何网络基础设施，无线多跳网络可以在极端环境下快速部署网络，且网络具有组网灵活、部署快速、成本低廉、可扩展性强、抗毁性和健壮性强等优势。无线多跳网络被广泛应用于灾后应急通信、战场通信、环境监测、智能家居等场景。典型的无线多跳网络有无线网状网络、无线传感器网络、无线自组织网络、车载自组织网络等。由于无线信道的开放特性，无线多跳网络中的数据传输容易受到无线干扰等因素的影响，制约了无线多跳网络传输的吞吐量和能量效率的提升。如何实现无线多跳网络的高吞吐量、高能效地数据传输，一直是无线多跳网络的一个重要研究方向。

　　传统信息论认为网络中的节点对收到的数据包进行任何运算都不会带来任何增益，因此现有的分组网络中，中间节点都是采用分组转发的工作方式。2000 年，Ahlswed 等首次提出"网络编码"概念。网络编码允许网络中的节点对收到的数据包进行编码运算。理论分析证明，使用网络编码后，网络组播速率能够达到最大流最小割理论的上界。特别是在无线网络环境下，网络编码能够减少数据传输次数、提高网络吞吐量，因此网络编码特别适合于无线多跳网络的数据传输。

　　由于网络编码在无线网络环境下的技术优势，涌现了针对基于网络编码的无线多跳网络路由技术的研究。本书系统介绍了基于网络编码的无线多跳网络路由技术,分别从网络编码条件、负载均衡机制、路由度量、流量整形等方面,阐述了无线多跳网络基于网络编码的路由相关研究与技术方案。

全书共分9章。第1章介绍了无线多跳网络的相关概念、发展历程、应用领域、相关标准,并对无线多跳网络路由技术进行了概述。第2章针对网络编码进行了介绍,包括网络编码的概念、典型的网络编码方法、网络编码的技术优势,以及当前研究领域针对网络编码的研究方向。第3章对当前基于网络编码的路由进行了归纳与分类,并对具体的基于流间网络编码的路由、基于流内网络编码的路由、基于流间与流内网络编码的混合路由的典型代表与原理进行了分析与介绍。第4章针对网络编码容易引起网络负载不均的问题,提出和设计了负载均衡的网络编码感知路由,从路径发现、多径机制、路由度量3个方面对负载均衡机制进行了设计。第5章提出了QoS保证的编码感知路由,提出了网络编码条件下的节点带宽计算算法。第6章提出基于遗传算法的无线多跳网络路由优化算法,从染色体表达、种群初始化与遗传操作、适应度函数等方面设计工作进行了介绍。第7章面向无线传感器网络环境,提出基于跨层网络编码感知的无线传感器网络节能路由的设计。第8章提出基于普适网络编码条件的无线传感网节能路由,设计并证明了普适网络编码条件,以避免网络编码解码失败的问题,提高网络编码感知的准确度。第9章提出了基于流内和流间网络编码感知的无线多跳网络多播路由,设计了基于零空间反馈的编码重传机制,减少重传开销,提高多播传输效率。

本书得到盐城工学院理工类学术专著出版基金、国家自然科学基金项目(61502411)、江苏省自然科学基金项目(BK20150432)、江苏省高校自然科学研究面上项目(15KJB520034)、中国博士后研究基金项目(2015M581843)、江苏省"青蓝工程"、盐城工学院"2311"人才工程、盐城工学院人才引进项目(KJC2014038)的资助。

由于作者水平有限,时间仓促,书中难免存在不妥之处,恳请读者批评指正。

目 录

第1章 无线多跳网络简介

1.1 无线多跳网络发展与定义

1873 年英国物理学家麦克斯韦在其著作《电磁学通论》中系统提出了电磁场理论,为无线电通信奠定了理论基础。一百多年来,从无线电报到无线电广播、卫星电视,再到 2G、3G、4G 和即将商业部署的 5G 移动通信系统,无线通信技术[1]在一百多年里取得了长足的发展和进步,深刻地改变了人们生产生活和沟通交流的方式。

相比于有线通信,无线通信不需要架设传输线路,具有通信距离远、机动性好、建立迅速等优点[1]。目前的无线通信系统可以分为基于中心基础设施的无线单跳通信系统和对等无线多跳通信系统。基于中心基础设施的无线单跳通信系统的典型代表是蜂窝无线通信系统和 WiFi 通信系统。

蜂窝无线通信系统[2]如图 1-1 所示。

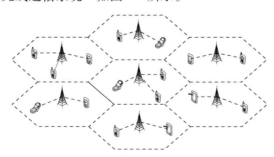

图1-1 蜂窝无线通信场景示例

在蜂窝无线通信中,所有移动终端和其所属的基站之间通过无线链路连接,每个基站有六边形的信号覆盖范围形成各个蜂窝单元,各个基站之间通过有线线缆连接到通信骨干网络,实现基站和基站之间的互联通信。每个蜂窝单元内的移动终端通信依赖于基站,一旦基站发生故障,该蜂窝范围内的所有移动终端将无法通信。

WiFi 无线通信系统[3]如图 1-2 所示。在 WiFi 无线通信系统中,各 WiFi 终端通过无线信道连接到接入点 AP(Access Point),接入点 AP 通过有线线缆连接到后端通信网络。连接到一个接入点 AP 的所有终端设备的通信依赖于该 AP,一旦该 AP 出现故障,连接到该 AP 的所有设备的通信将无法进行。

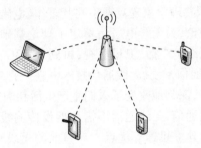

图 1-2　WiFi 无线通信场景示例

通过对蜂窝移动通信系统和 WiFi 无线通信系统的分析,可以发现基于中心基础设施的无线单跳通信系统依赖于中心基础设施,一旦中心基础设施出现故障,整个通信系统将无法通信。而在一些特殊场景下,可能没有这种中心基础设施的存在,如战场通信,地震、台风等灾害以后的应急通信,野外无人区域探险与科学考察等,这种需求促进了对等无线通信系统的出现和发展[4]。

1972 年美国的国防部高级研究计划署 DARPA(Defense Advanced Research Projects Agency)启动了分组无线网项目 PRNET,研究战场环境下利用无线信道实现分组通信。1983 年 DARPA 启动了高残存性自适应网络 SURAN(Survivable Adaptive Network),研究大规模场景下的 PRNET 通信[5]。1991 年 IEEE 802.11 标准委员会提出 Ad Hoc 概念,用于描述自组织对等式无线多跳网络,而

IETF 提 出 了 MANET (Mobile Ad Hoc Network, 移 动 Ad Hoc 网络)[6]。无线多跳的概念及其特点,促进了多个针对特定应用领域的无线多跳网络的出现与发展,如无线传感器网络(Wireless Sensor Networks, WSNs)[7]、无 线 网 状 网 (Wireless Mesh Networks, WMNs)[8]、车载自组网(VANET)[9]、MANET[10]等。

在对等无线多跳网络中,每个节点地位平等,其通信场景如图 1-3 所示。图 1-3 无线多跳网络中,每个节点通过无线链路与其邻居节点直接通信,每个节点既作为终端节点,同时也具有数据的存储转发功能。任何两个无法直接通信的节点,可以通过中间节点的多跳转发,构成多跳路由,从而实现通信。网络中,所有节点关系对等,不依赖于任何基础设施,每个节点上电开启无线收发器后,即可自组织形成无线多跳网络。

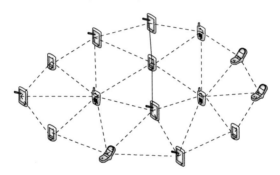

图 1-3　无线多跳网络通信场景示例

1.2　无线多跳网络特点

无线多跳网络具有如下特点[11]:

(1) 自组织组网

无线多跳网络的组建不受任何外界条件的限制,不需要基础设施作为前置条件,无论在何时何地,都可以快速地组建起一个功能完善的无线多跳网络,组网方式灵活、便捷、快速。网络组建成功之后的维护管理工作,也完全在网络内部进行。因此无线多跳网络特别适合战场通信、灾后应急通信等不需要基础设施,且需要快速组网的场景。

（2）无线多跳通信

无线多跳网络中,节点之间通过无线链路组成多跳网络,从而扩展网络覆盖范围和为处于非视距范围的用户提供非视距连接。多跳通信机制与单跳通信相比,链路的距离较短,干扰较小,可以为网络提供较高吞吐量,以及较高的频谱复用率。

（3）较好的网络扩展性和伸缩性

由于无线多跳网络以自组织的方式进行组网,节点可能会因为移动等原因随时加入或离开网络,网络对节点的加入与离开具有较好的适应性,整个网络具有较好的可扩展性和伸缩性,可以依据应用的需求和网络实际,组建不同规模的网络。

（4）网络健壮性

无线多跳网络中,节点之间以无线多跳方式组网。网络中任何两个节点之间的通信,沿着建立的路由通过多跳转发实现。一旦路由中的一个或多个节点失效,源节点可以立刻重新发起路由发现过程,选择其他路径进行数据传输,这使得无线多跳网络的数据传输具有较好的鲁棒性,即网络具有健壮性,即使部分节点失效,仍然能够确保数据的正常传输与组网。

（5）应用相关性

无线多跳网络,是一个较为宽泛的概念,在不同的应用场景下,节点的能量供给、移动特性、带宽特性能都不相同。例如,在无线传感器网络中,节点通常由电池供电,节能是无线传感器网络需要考虑的基本问题之一;在移动 Ad Hoc 网络中,节点通常是移动的,如何解决网络拓扑频繁变化情况下的节点稳定的数据传输是移动 Ad Hoc 网络需要关注的问题;在无线网状网中,网络为终端节点提供无线宽带接入,如何实现无线环境下的高速数据传输和较高的网络吞吐量,是无线网状网需要解决的问题。因此,无线多跳网络与应用相关度较高,不同的应场景下网络关注的重点都不一样。

（6）安全问题突出

无线多跳网络中,相邻节点之间的通信、网络组网等全部通过无线信道实现,而由于无线信道天然的开放特性,使得无线多跳网络中的安全问题较为突出。无线多跳网络面临的安全问题有:相邻节点之间数据传输的保密性和完整性,网络组网的安全性,恶意节点的窃听,恶意节点加入网络等问题。

1.3　典型的无线多跳网络

（1）无线传感器网络

无线传感器网络[7]是由大量具有无线通信能力的传感器节点,通过无线链路自组织形成的一种无线多跳网络。每个无线传感器节点包括以下模块:① 感知模块,主要由热敏、光敏等敏感元件组成,负责对物理世界相关环境等数据的感知;② 信息处理模块,主要负责处理、存储感知模块采集的数据和其他节点发来的数据,并协调节点各部分工作;③ 无线通信模块,负责节点的数据传输和组网;④ 能量供应模块,为其他模块提供工作能量。

无线传感器网络中,节点按照应用的覆盖要求实现对被监测区域的物理感知范围覆盖,节点之间通过无线链路自组织形成无线多跳网络。无线传感器网络中,有 2 类节点,即传感器节点和网关节点。传感器节点负责数据的采集与转发,网关节点负责无线传感器网络与外界其他网络之间的信息转换与交互。无线传感器网络中,既有节点与节点之间的多跳对等通信,也有节点与网关之间的数据上报与指令下发的通信。

无线传感器网络是国家战略性新兴产业物联网的感知层关键技术之一,在军事领域、农业生产、生态环境监测与预报、基础设施状态监测、工业环境监测、智能交通、医疗健康护理、智能家居等领域都具有广阔的应用前景。

（2）无线网状网

无线网状网又称无线 Mesh 网络[8],是一种定位于高容量、高速率的新型宽带多跳无线网络，在部署目标、网络结构和流量特征方面与移动 Ad Hoc 网络、无线传感器网络等传统多跳无线网络相比均存在诸多差异。其骨干路由节点准静止、能量无约束等特征使无线 Mesh 网络在增加网络容量、扩大无线覆盖范围、支持多频段无线设备、提高网络可靠性和鲁棒性方面显示出很大的优势。无线 Mesh 网络部署代价小、组网方式灵活简单，被认为是无线宽带接入的有效方式，非常适合为城市、乡村、校园等不同规模和环境下的业务提供宽带无线接入，而且可以为物联网等提供高效的无线接入，因此具有广阔的应用前景。

无线网状网络中，节点之间通过无线链路自组织构成无线多跳网络。网络节点依据其性能和所承担的作用，可分为三类：① Mesh 客户端，一般指网络中的用户终端设备；② Mesh 路由器，是无线网状网的骨干节点，负责数据的中继与转发，并为 Mesh 客户端提供接入服务；③ Mesh 网关，负责无线网状网与外界因特网等其他网络的互联互通。

（3）车载自组网

车载自组网[9]是指在交通环境中车辆之间、车辆与固定接入点之间及车辆与行人之间相互通信组成的开放式移动 Ad Hoc 网络，其目标是为了在道路上构建一个自组织、部署方便、费用低廉、结构开放的车辆间通信网络，提供无中心、自组织、支持多跳转发的数据传输能力，以实现事故预警、辅助驾驶、道路交通信息查询、车间通信、车辆 Internet 接入服务等应用。因此，车辆自组网是传统的移动自组织网络在交通道路上的应用，是一种特殊的移动自组织网络。

相比其他无线多跳网络，车载自组网的应用环境特殊性，使得网络节点高密度分布、节点高速移动、影响网络丢包率和延时性能。另一方面，由于车载通信，特别是面向车辆驾驶、安全控制方面的功能，又要求网络在拓扑高速变化的场景下具有较低的延时，对传输延时的敏感性较高。

（4）移动 Ad Hoc 网络

移动 Ad Hoc 网络[10]具有去中心化、节点对等、网络鲁棒性等技术优势，其最初的应用场景是战场上单兵和相关车辆的快速、高效、健壮地构建战场临时通信网络。在移动 Ad Hoc 网络中，节点具有一定的移动性，网络拓扑动态变化。网络中没有中心化节点，所有节点的地位和作用平等，网络的鲁棒性较好。在组网方式上，移动 Ad Hoc 网络采用分布式组网方式，所有节点关系平等，相互协作完成网络的构建。目前 Ad Hoc 网络已经从军用向民用方向发展，在灾后应急通信、野外临时通信等领域具有较好的应用价值。

1.4 无线多跳网络应用领域

（1）应急通信

应急通信是指在无网络基础设施或网络基础设施受损，且需要快速部署网络的场景下通信，如战场通信、灾难（地震、水灾等）后抢险和救援通信等。无线多跳网络由于不依赖于网络基础设置，且具有组网灵活、快捷，无线接入稳定可靠等特点，能够在应急通信领域发挥重要作用[11]。

（2）野外通信

虽然蜂窝移动通信网络、互联网、无线局域网已经遍布我们生活的各个角落。但是在一些野外场景下，比如海洋、沙漠、偏远山区，很难架设通信基础设施，而使用卫星通信等设备费用高昂。低成本、组网灵活、具有较好鲁棒性的无线多跳网络是解决野外通信的一种较好的选择[11]。

（3）物联网通信

随着物联网、万物互联等概念[12]的提出，物联网产业上升为国家战略性新兴产业取得了巨大的发展。物联网中断分布广泛、业务数据量小、具有移动性特点，使得无线多跳组网方式特别适合于物联网环境。物联网终端按照自组织协议实现多跳传输，减少每跳通信距离,提高频谱资源空间复用度,降低通信能耗,同时实现灵活组网。同时采用无线多跳方式组网,可以大大减少单个物联网终端的通信设备成本,降低物联网系统的整体开销。

1.5 无线多跳网络相关标准

无线多跳网络设计的相关标准如下:

(1) IEEE 802. 11[13]

IEEE 802. 11 又称无线局域网(WLAN),目前最新标准为 IEEE 802. 11 – 2007[14]。除去常用的 802. 11 a/b/g 之外,IEEE 802. 11 工作组的其他主要工作还包括 802. 11i(安全)、802. 11e(QoS)、802. 11f(接入点之间的切换协议)、802. 11n(高速)等。而 IEEE 802. 11s [15]则是面向无线 Mesh 网络设计,通过扩展 802. 11 MAC 协议,实现 ESS(Extended Service Set)Mesh,以支持自动拓扑识别和动态的路由配置,使得 AP 之间能建立无线连接,并在自配置的多跳 Mesh 结构上实现对单播、广播及组播传输的支持。目前 WLAN 的推广和认证工作主要由产业标准组织 WiFi(Wireless Fidelity,无线保真)联盟完成。

(2) IEEE 802. 15[16]

IEEE 802. 15 又称无线个域网(WPAN),包括 802. 15. 3a、802. 15. 4(ZigBee)、802. 15. 5。其中,IEEE 802. 15. 5 采用 UWB(Ultra WideBand)技术,特别针对 WPAN(Wireless Personal Area Network)为应用场景,致力于在短距离内提供超高速的无线宽带连接,为需要高速传输的多媒体应用家庭 Mesh 网络环境提供基础的无线网络设施。

(3) IEEE 802. 16[17]

IEEE 802. 16 又称无线固定接入网(FWA),包括 802. 16、802. 16a、802. 16c/d/e/f/g 等若干标准。按照使用频段的高低,可分为视距范围连接(11~66 GHz)和非视距范围连接(2~11G Hz)。其中 802. 16a[18]是面向无线城域网的宽带接入,它采用基于时分多路复用(Time Division Multiple Access,TDMA)的 MAC 协议,支持 PMP(Point to Multi-Point)及 Mesh 两种组网模式,提供多跳无线传输。目前 WiMax 正在大力促进 IEEE 802.16 技术的商业化和宽带无线网络的部署。

(4) IEEE 802.20[19]

IEEE 802.20 又称宽带移动接入网(WBMA),它以车载网络等高速移动场景为需求目标,基于 Cellular 技术制定移动宽带接入环境的无线通信协议标准,支持室内、室外的 Mesh 网络结构,以提供普适、稳定、高速的移动无线宽带服务。

1.6　无线多跳网络路由概述

按照路由建立的方式,无线 Mesh 网络路由[20]可以分为先应式路由、反应式路由、混合路由、机会路由和基于网络编码的路由五大类。

(1) 先应式路由

先应式路由又称为表驱动路由。在先应式路由中,每个节点维护一张或几张表格,记录到网络中其他所有节点的路径信息。当网络拓扑变化时,节点向其他节点发送更新信息。收到更新信息的节点更新自己的表格,使路由信息及时、准确。不同的先应式路由的区别在于拓扑更新信息在网络中的传播方式不同,存储信息的表的类型和格式也不同。先应式路由不考虑网络中的业务流量因素,需耗费较多资源,但当节点有数据需要发送时,源节点可快速选择到目的节点的路径。典型的先应式路由有优化链路状态路由 OLSR(Optimized Link State Routing)[21]、目的序列距离矢量路由 DSDV(Destination-Sequenced Distance-Vector)[22]、无线路由协议 WRP(Wireless Routing Protocol)[23]等。

(2) 反应式路由

反应式路由又称按需路由。反应式路由在有数据发送的需求时,才启动路由发现进程,即网络拓扑结构和路由表按需建立。反应式路由与先应式路由相比,路由开销相对较小,只在必要的时候才启动路由发现进程,给网络带来的负载小、节能。但相应的,反应式路由在数据发送时,需要耗费一定的路由建立时间。典型的反应式路由有动态源路由 DSR(Dynamic Source Routing)[24]、按需距离矢量路由 AODV(Ad hoc On-demand Distance Vector)[25]、动态按需路由 DYMO(DYnamic Manet On-demand)[26]等。

(3)混合路由

混合路由综合了先应式路由和反应式路由。混合路由适合于分簇或分区域的无线 Mesh 网络。由于簇内数据传输与簇间数据传输相比发生较为频繁,混合路由一般在簇内采用先应式路由,在簇间采用反应式路由。典型的混合路由有混合无线 Mesh 路由 HWMP(Hybrid Wireless Mesh Protocol)[27]、Mesh 路由协议 MRP(Mesh Routing Protocol)[28]、区域路由协议 ZRP(Zone Routing Protocol)[29]。

(4)机会路由

前面介绍的 3 类路由属确定性路由。在确定性路由中,节点在发送数据前,确定数据发送的最优路径,然后数据沿着指定的路由传输。无线信道具有时变特点,之前确定的最优路径,在数据传输的过程中可能会受到干扰等因素影响,而性能下降。为此,Biswas 等提出了机会路由[30,31]的概念。机会路由(Opportunistic Routing, OR)属于非确定性路由,在数据发送前不建立确定的路由,而在数据发送的每跳节点,从收到数据的节点中选择最优节点。

图 1-4 给出了机会路由原理。其中源节点 *Src* 向目的节点 *Dst* 发送数据,由于无线信道开放性,节点 *A*、*B*、*C*、*D* 均收到了数据,如图中阴影区域所示。机会路由将从这 4 个节点中,选择最接近目的节点的节点作为下一跳节点。按此方法选取下一跳节点,直至数据到达目的节点 *Dst*。机会路由充分发挥了无线信道的开放性,能够在每次数据传输中选择最优下跳节点,有效提升了路由性能,但其下跳节点选择机制较为复杂,影响了路由性能的发挥。但是典型的机会路由有 ExOR(Extreme Opportunistic Routing)[32,33]、

SOAR(Simple Opportunistic Adaptive Routing)[34]、ROMER(Resilient Opportunistic Mesh Routing)[35]。

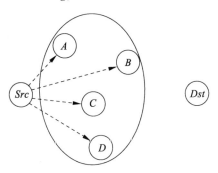

图 1-4 机会路由原理

(5) 基于网络编码的路由

基于网络编码的路由[36-38]将网络编码技术与路由相结合,利用网络编码在减少数据传输次数、提高网络吞吐量方面的优势,提高路由协议的性能。基于网络编码的典型路由有 COPE[39]、DCAR[40]、MORE[41]等。

参考文献

[1] Beard C, Stallings W. Wireless communication networks and systems[M]. USA: Pearson, 2015.

[2] 宋铁成,宋晓勤. 移动通信技术[M]. 北京:人民邮电出版社, 2017.

[3] 韩金燕,孙秀英. WLAN 技术与应用[M] 北京:机械工业出版社, 2017.

[4] Basagni S, Conti M, Giordano S, et al. Mobile ad hoc networking: cutting edge directions[M]. USA: Wiley, 2013.

[5] Jubin J, Tornow J D. The DARPA packet radio network protocols [C]//Proceeding of the IEEE, 1987,75(1):21 -32.

[6] Ghosekar P, Katkar G, Shivaji Mahavidyalaya. Mobile ad hoc

networking: imperatives and challenges[J]. Ad Hoc Networks, 2010,1(1):13 - 64.

[7] Yick J, Mukherjee B, Ghosal D. Wireless sensor network survey [J]. Computer Networks, 2008, 52(12):2292 - 2330.

[8] Pathak P H, Dutta R. A survey of network design problems and joint design approaches in wireless mesh networks[J]. IEEE Communications Surveys & Tutorials, 2011, 13(3):396 - 428.

[9] Tanuja K, Sushma T M, Bharathi M, et al. A Survey on VANET technologies[J]. International Journal of Computer Applications, 2015, 121 (18): 1 - 9.

[10] 陈林星. 移动 Ad Hoc 网络:自组织分组无线网络技术[M]. 北京:电子工业出版社, 2006.

[11] Mohapatra P, Krishnamurthy S. Ad hoc networks: technologies and protocols [M]. USA: Springer Science Business Media, 2005.

[12] Atzori L, Iera A, Morabito G. The internet of things: a survey [J]. Computer Networks, 2010, 54(15):2787 - 2805.

[13] IEEE 802. 11 Standard Group Web Site [EB/OL]. http://www. ieee802. org/11/.

[14] IEEE 802. 11 - 2007. LAN MAN Standards Committee of the IEEE Computer Society. Wireless LAN medium access control (MAC) and physical layer (PHY) specification [S]. IEEE Standard Edition,2007.

[15] Hauser J, Baker D, Steven C W. Draft PAR for IEEE 802. 11 ESS Mesh,IEEE Document Number: IEEE 802. 11 - 03/759r2.

[16] IEEE 802. 15 standard group web site[EB/OL]. http://www. ieee802. org/15/.

[17] IEEE 802. 16 standard group web site[EB/OL]. http://www. ieee802. org/16/.

[18] Eklund C, Marks R B, Stanwood K L. IEEE standard 802. 16:a

technical overview of the wireless MANTM aire interface for broadband wireless access[J]. IEEE Communication Magazine, 2002, 40(6):98 – 107.

[19] IEEE 802. 20 standard group web site[EB/OL]. http://www. ieee802. org/80/.

[20] Alotaibi E, Mukherjee B. A survey on routing algorithms for wireless ad-hoc and mesh networks [J]. Computer Networks, 2011, 56(2):940 – 965.

[21] Jacquet P, Mühlethaler P, Clausen T, et al. Optimized link state routing protocol for ad hoc networks[C]// In Proceedings of IEEE INMIC 2001, 2001, 62 – 68.

[22] Perkins C E, Bhagwat P. Highly dynamic destination-sequenced distance vector routing (DSDV) for mobile computers [J]. SIG-COMM Computer Communication Review, 1994, 24(4): 234 – 244.

[23] Murthy S, Garcia-Luna-Aveces J J. An efficient routing protocol for wireless networks[J]. ACM/Baltzer Journal on Mobile Networks and Applications, 1996, 1(2): 183 – 197.

[24] Perkins C E, Royer E M. Ad-hoc on-demand distance vector routing[C]// In Proceedings of Second IEEE Workshop on Mobile Computing Systems and Applications(WMCSA 99), 25 – 26 Feb. 1999:90 – 100.

[25] Johnson D, Hum Y, Maltz D. The dynamic source routing protocol (DSR) for mobile ad hoc networks for IPv4[M]. RFC Editor, 2007.

[26] Chakeres I, Perkins C. Dynamic manet on-demand (DYMO) routing, internet draft, internet engineering task force [EB/OL]. http://www. ietf. org/internet-drafts/draft-ietf-manet-dymo – 11. txt.

[27] Bahr M. Update on the hybrid wireless mesh protocol of IEEE

802.11s[C]//In Proceedings of IEEE International Conference on Mobile Adhoc and Sensor Systems (MASS 2007), 8 – 11 Oct, 2007, 1 –6.

[28] Jun J, Sichitiu M L. MRP：wireless mesh networks routing protocol[J]. Computer Communications, 2008, 31(7)：1413 – 1435.

[29] Haas Z J, Pearlman M R, Samar P. The zone routing protocol (ZRP) for ad hoc networks, IETF internet draft[EB/OL]. http://www. ietf. org/internet-drafts/draft-ietf-manet-zone-zrp-04. txt.

[30] 田克,张宝贤,马建,等. 无线多跳网络中的机会路由[J]. 软件学报, 2010,21(10)：2542 –2553.

[31] Che-Jung H, Huey-Ing L, Seah W K G. Opportunistic routing-A review and the challenges ahead [J]. Computer Networks, 2011, 55(15)：3592 –3603.

[32] Biswas S, Morris R. opportunistic routing in multihop wireless networks[J]. ACM SIGCOMM Computer Communication Review, 2004,34(1)：69 –74.

[33] Biswas S, Morris R. ExOR：Opportunistic routing in multi-hop wireless networks[J]. ACM SIGCOMM Computer Communication Review, 2005, 35(4)：133 –143.

[34] Rozner E, Seshadri J, Mehta Y A, et al. Simple opportunistic routing protocol for wireless mesh networks [C]//In Proceedings of the IEEE WiMesh 2006, Reston, USA, Sep 25 –28, 2006：IEEE, 2006：48 –54.

[35] Yuan Y, Hao Y, Wong S H Y, et al. Romer：resilient opportunistic mesh routing for wireless mesh networks [C]//In Proceedings of the IEEE WiMesh 2005, USA, IEEE, 2005：93 –99.

[36] Iqbal M A, Dai B, Huang B, et al. Survey of network coding-a-

ware routing protocols in wireless networks [J]. Journal of Network and Computer Applications, 2011, 34(6): 1956 – 1970.

[37] Bruno R, Nurchis M. Survey on diversity-based routing in wireless mesh networks: challenges and solutions [J]. Computer Communications, 2010,33(3):269 – 282.

[38] Martinez N, Bafalluy M. A survey on routing protocols that really exploit wireless mesh network features[J]. Journal of Communications, 2010,5(3):211 – 231.

[39] Katti S, Rahul H, Hu W, et al. XORs in the air: practical wireless network coding[J]. IEEE/ACM Transactions on Networking,2008,16(3):497 – 510.

[40] Ji-Lin L, Lui C S, Dah-ming C. DCAR: distributed coding-aware routing in wireless networks[J]. IEEE Transactions on Mobile Computing, 2010,9 (4):596 – 608.

[41] Chachulski S, Jennings M, Katti S. Trading structure for randomness in wireless opportunistic routing[C] // ACM SIGCOMM 2007: Conference on Computer Communications, Kyoto, Japan, Aug 27 – 30, 2007, ACM, 2007:169 – 180.

第2章 网络编码简介

2.1 网络编码概念

传统信息论认为网络中间节点对收到的数据包进行操作不会带来任何增益。因此,传统网络中节点采用存储转发的方式工作,对收到的数据包直接转发出去,不进行任何操作。存储转发工作方式虽然简单,但在组播情况下很难达到最大流最小割理论确定的组播速率上限。2000 年,Ahlswed 等在《Information Theory》上发表了一篇题为"网络信息流"[1]的文章,首次提出了"网络编码"(Network Coding,NC)的概念:网络节点对接收到的信息进行的数学运算,称为网络编码。Ahlswed 等证明,在网络采用网络编码方式工作后,可使组播速率达到最大流最小割确定的上限。

以图 2-1 所示的蝶形网络为例,节点 S 向目的节点 Y 和 Z 组播数据包 a、b,其余节点为中间节点。顾名思义,蝶形网络是因网络拓扑形状类似蝴蝶。假定网络中所有链路的容量为 1,即单位时间内传输 1 个数据包,且链路没有损耗。依据最大流最小割定理,节点 S 到目的节点 Y 和 Z 的最大传输速率是 2,即 S 到节点 Y 和 Z 的组播速率应该能达到 2,即单位时间内节点 Y 和 Z 能够同时收到来自节点 S 的 2 个数据包。

图 2-1a 中,所有节点采用存储转发方式工作。显然,网络中由节点 W 到节点 X 的链路成为节点 S 到节点 Y 和 Z 的组播传输的瓶颈。链路 WX 在单位时间内只能传输 1 个数据包,造成节点 Y 和 Z 中只有一个节点能够收到 2 个数据包,而另外一个节点只能收到

1个数据包。因此,在蝶形网络中,使用传统的存储转发方式,组播速率无法达到最大流最小割确定的理论上限。

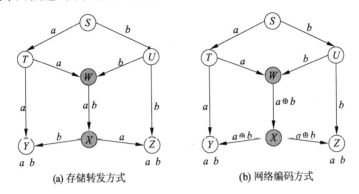

(a) 存储转发方式   (b) 网络编码方式

图2-1 蝶形图网络中存储转发与网络编码方式比较

图2-1b中,节点采用网络编码方式工作。此时,允许网络中的节点 W 对收到的数据包 a 和 b 进行编码操作。这里的编码是异或操作,即 $a \oplus b$。节点 X 收到编码包 $a \oplus b$ 后,将其发送给目的节点 Y 和 Z。节点 Y 利用运算 $a \oplus (a \oplus b) = b$,得到数据包 b,从而得到2个数据包 a 和 b。同理节点 Z 也得到数据包 a 和 b。此时,节点 S 到节点 Y 和 Z 的组播速率达到了最大流最小割理论确定的上限。

网络编码为提高多播网络的传输容量指明了一个新的发展方向,推翻了在中间节点上对传输的数据进行加工不会带来任何收益这一传统观点,由此给网络通信带来了根本性的变革[2,3]。

2.2 典型网络编码方法

依据网络节点对接收数据的运算方案,网络编码可以有多重分类方法[3]。如果节点对数据进行线性运算,称为线性网络编码,否则称为非线性网络编码。如果运算中使用的编码系数是预先确定的,则称为确定性网络编码,否则称为随机网络编码。本节介绍几种典型的网络编码方法。

（1）线性网络编码

2003 年 3 位华裔科学家李硕彦、杨伟豪、蔡宁提出了线性网络编码（Linear Network Coding，LNC）[4]，并证明在足够大的有限域（伽罗华域）中采用线性网络编码，单源组播传输可以达到最大流最小割确定的理论上限。

线性网络编码中，节点输出链路信息是输入链路信息的线性组合。因此，线性网络编码具有有效和实用的特点，成为网络编码理论和应用的基础。但文献［4］并未给出具体的编码码字构造方法。

（2）基于代数方法的网络编码

Koetter 等于 2002 年提出了网络拓扑已知情况下，基于代数方法的线性网络编码构造算法[5]。该算法可适用于任意结构的网络，使用系统转移矩阵描述信源和信宿之间的信息传输关系，将线性网络编码码字构造问题，转换为系统转移矩阵的构造问题。但该算法需要事前了解网络的拓扑信息，属于集中式算法，且构造码字需要消耗指数时间，复杂度较大。

（3）多项式时间的网络编码

文献［6,7］于 2003 年提出构造线性网络编码码字的多项式时间算法。该算法在已知网络拓扑的前提下，首先发现源节点到各目的节点的路径集合。然后在发现的路径中决定节点所需进行的操作。该算法将码字构造的复杂度由指数级降低到多项式级，且降低了有限域空间的范围。该算法也属于集中式算法，适用于网络规模较小、网络拓扑变动不大的场景。当网络规模增加，集中式算法的复杂度将呈指数形增长。且当拓扑变动，需要重新计算编码码字。

（4）分布式网络编码

Fragouli 等[8]首次提出了分布式编码码字构造算法。该算法将网络拓扑分解为多个子树，在上级子树编码系数构成的扩展空间中为下级子树选取非相关的编码系数。该算法的复杂度随网络规模的增加呈线性增长趋势，与集中式算法相比有较大改进。

（5）随机网络编码

Ho 等[9]给出了随机网络编码算法（Random Network Coding，RNC）。在 RNC 中,节点编码使用的编码系数从有限域（如伽罗华域）内随机选择。该算法虽然简单,但是所需的编码符号域较大,增加了编译码运算的复杂度。通过计算表明,如有限域的码字数目足够大,目的节点解码失败的概率可以控制很低。RNC 的缺点在于以一定概率保证正确传输,且该概率与有限域空间的大小有关。图 2-2 给出了 RNC 的一个例子,其中节点 A 向 C 发送编码包 $\xi_1 X_1 + \xi_2 X_2$,节点 B 向 C 发送编码包 $\xi_3 X_3 + \xi_4 X_4$。C 在收到 2 个编码包后,再次进行编码操作,得到编码包 $\xi_5(\xi_1 X_1 + \xi_2 X_2) + \xi_6(\xi_3 X_3 + \xi_4 X_4)$。

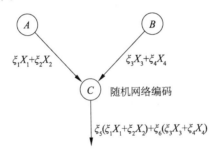

图 2-2　随机网络编码示例

2.3　网络编码技术优势

结合网络编码技术的原理,网络编码有以下几方面的优势[10,11]:

（1）提高网络吞吐量

网络编码就是为了解决组播最大速率无法达到最大流最小割的理论上界而提出的。提高网络吞吐量是其显著优点。使用网络编码以后,多个数据包能够压缩在一个数据包中传输,并使目的节点正确解码,从而提升网络吞吐量。文献[12]证明,假定 $|F(q)|$ 为源节点有限域空间的大小,$|V|$ 为网络中节点数目,网络中所有

链路拥有单位容量,则基于网络编码的组播的理论吞吐量是组播路由的$|F(q)|(\log|V|)$倍。

(2) 均衡网络负载

文献[13]指出使用网络编码后,数据流量能够在网络中更大范围内分配,有效利用除了多播树路径外的其他网络链路,从而均衡网络负载,推迟拥塞发生,延长网络工作时间。以图 2-3 为例,其中图 2-3a 为网络拓扑,链路上的数字表明链路容量;图 2-3b 为从节点 S 到节点 X、Y、Z 的组播树结构;图 2-3c 为使用网络编码后,组播的传输拓扑。从图中可以看出,图 2-3c 中使用了 9 条链路,而图 2-3b 仅使用了 5 条链路。使用网络编码后,组播传输的流量分布更均匀。

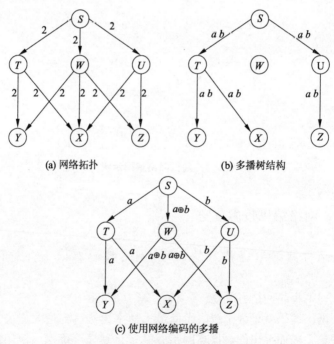

(a) 网络拓扑　　　　　(b) 多播树结构

(c) 使用网络编码的多播

图 2-3　网络编码组播示例

(3) 节省带宽消耗,提高带宽利用率

网络编码将原来多个数据包的发送转变为一个编码数据包的

发送,实质是增加单位数据包的信息量,从而能够减少节点的带宽消耗,提高带宽利用率。仍以图 2-3 为例。在图 2-3b 中,共消耗 10 个单位的带宽,而在图 2-3c 中,仅消耗 9 个单位的带宽。可见使用网络编码后,带宽消耗减少了 10%,提高了带宽利用率。

(4)减少数据传输次数,节约能耗

使用网络编码后,原来的多次原始数据包传输,现在仅需要一次编码包的传输,大大减少了数据传输的次数,因此,节约节点的发送能耗。以图 2-1 蝶形图为例,未使用网络编码时,节点 W 需要 2 次数据发送。使用网络编码后,为完成数据传输任务,节点 W 仅需发送 1 个编码包,即可完成同样的数据传输任务。因此,节点 W 的数据传输次数减少了 50%。特别是在无线环境下,数据传输次数的减少所带来的效应是累积的。因为发送次数减少,可以进一步减少网络干扰的发生,提高数据传输的效率。

(5)增强网络传输可靠性

在未使用网络编码的网络中,普通数据包的丢失,往往需要源节点的重传。而编码数据包中保存有多个原始数据包的信息,即使原始数据包发生丢失,也可以从编码包中通过解码得到丢失数据包的信息,从而提高数据传输的可靠性。

(6)提高网络安全性

应用网络编码后,编码数据包通过多个数据包的编码计算得到,提高监听者的解密难度,使监听者难以获得原始数据包的信息,实际提高了数据传输的安全性。

2.4 网络编码研究方向

当前针对网络编码的研究方向主要包括以下 3 个方面:

(1)编码方式构造

针对网络编码的早期研究,主要针对编码方式构造的研究。目的是构造出计算简单、复杂度低的网络编码码字构造方法,构建网络编码的基础理论,使网络编码能够从理论走向实用。典型的成果有线性网络编码、基于代数方法的线性网络编码、多项式时间线性网络编码、随机网络编码等。

（2）网络编码优化

网络编码虽然可以带来诸如吞吐量提高、节约带宽消耗等优势，但是需要节点进行编解码操作，增加了节点的复杂度，而且也为在现有网络上应用网络编码带来了障碍。随着针对网络编码方式研究的不断深入，研究人员逐渐开始转向网络编码优化的研究。所谓网络编码优化[14]，就是在现有的编码构造方式基础上优化网络编码开销，目前网络编码优化主要包括四类问题：多播开销最小化、吞吐量最大化、编码边/编码节点最小化、基于网络编码的网络拓扑设计。

（3）网络编码的应用

由于网络编码具有的特点和优势，目前已经出现网络编码在路由算法、内容分发等方面的应用[15,16]。

● 路由算法

网络编码在提升网络吞吐量、节约带宽资源方面的优势，激励研究者将路由与网络编码相结合，提出了基于网络编码的路由[17]。应用于路由的网络编码分为两类，即流内网络编码和流间网络编码。流内网络编码（Intra-flow Network Coding）是指参与编码的数据来自同一数据流；流间网络编码（Inter-flow Network Coding）是指参与编码的数据来自不同数据流。基于网络编码的路由协议是本书的研究重点，将在本章详细介绍。

● 内容分发

由于网络编码在提高网络可靠性、节约带宽资源方面的优势，利用网络技术进行内容分发，是网络编码应用的一个重要方面，典型应用是基于网络编码的 P2P 内容分发。微软公司于 2005 年开发了一款基于网络编码技术的 P2P 软件 Avalanche[18,19]。Avalanche 采用随机线性网络编码，对分发的数据进行编码。仿真表明，Avalanche 的平均下载速率比仅在种子节点处编码的情况提高 20% ~30%，与不适用网络编码的系统相比，可以提高 2~3 倍。

2.5　本章小结

　　本章从网络编码的概念入手,介绍了网络编码的概念、典型网络编码方式,进而介绍网络编码的引入对传统数据通信网络带来的技术创新和优势,最后分析和介绍了当前网络编码研究的主要研究方向。

参考文献

[1] Ahlswede R, Cai N, Li S Y, et al. Network information flow [J]. IEEE Transactions on Information Theory, 2000, 46(4): 1204 - 1216.

[2] Raymond Y W. Information theory and network coding[M]. US Springer, 2008.

[3] Riccardo B, Hugo M, Jonathan R, et al. Network coding theory: a survey[J]. IEEE Communications Surveys & Tutorials, 2013, 15(4):1950 - 1978.

[4] Li S Y R, Raymond Y W, Cai N. Linear network coding [J]. IEEE Transactions on Information Theory, 2003, 49(2): 371 - 381.

[5] Koetter R, Medard M. An algebraic approach to network coding [J]. IEEE/ACM Transactions on Networking, 2003,11(5): 782 - 795.

[6] Sanders R, Egner S, Tolhuizen L. Polynomial time algorithms for network information flow[C]//In ACM Symposium on Parallel Algorithms and Architectures (SPAA). San Diego, USA, June 3 - 9, 2003, ACM, 2003, 286 - 294.

[7] Jaggi S, Sanders P, Chou P A, et al. Polynomial time algorithms for multicast network code construction[J]. IEEE Transactions

on Information Theory, 2005,51(6):1973 – 1982.

[8] Christina F, Emina S. Decentralized network coding[C] // In Proceedings of 2004 IEEE Information Theory Workshop (ITW) USA San Antonio, 2004:310 – 314.

[9] Tracey H, Muriel M, Ralf K, et al. A random linear network coding approach to multicast [J]. IEEE Transactions on Information Theory, 2006, 52(10):4413 – 4430.

[10] 杨林,郑刚,胡晓惠. 网络编码的研究进展[J]. 计算机研究与发展, 2008, 45(3): 400 – 407.

[11] 郝琨. 网络编码关键技术及其应用研究[D]. 天津:天津大学, 2010.

[12] Tracey H, Ralf K, Muriel M, et al. The benefits of coding over routing in a randomized setting[C] // In Proceedings of IEEE International Symposium on Information Theory (ISIT2003). Japan, Yokohama, 2003:442 – 441.

[13] Noguchi T, Matsuda T, Yamamoto M. Performance evaluation of new multicast architecture with network coding [J]. IEICE Transactions on Communication,2003,86(6): 1788 – 1795.

[14] 黄政,王新. 网络编码中的优化问题研究[J]. 软件学报, 2009, 20(05): 1349 – 1361.

[15] 王静. 网络编码理论及其应用的研究[D]. 西安:西安电子科技大学图书馆, 2008.

[16] Fragouli C, Soljanin E. Network coding applications[J]. Foundations and Trends in Networking, 2007, 2(2):135 – 269.

[17] Iqbal M A, Dai B, Huang B X, et al. Survey of network coding-aware routing protocols in wireless networks [J]. Journal of Network and Computer Applications, 2011, 34(6): 1956 – 1970.

[18] Gkantsidis C, Rodriguez P. Network coding for large scale content distribution [C] // In Proceedings of IEEE INFOCOM 2005 – The Conference on Computer Communications. USA,

Miami, 2005:2235 - 2245.

［19］ Avalanche Project ［EB/OL］. http://research. microsoft. com/
en - us/projects/avalanche/.

第3章 无线多跳网络路由与基于网络编码的无线多跳网络路由

3.1 无线多跳网络路由分类

目前无线多跳网络的路由[1]主要分为 5 类:先应式路由、反应式路由、混合式路由、机会路由和基于网络编码的路由。其中前 3 种路由直接由 Ad hoc 网络路由借鉴而来,后 2 种路由是近年来专门针对无线多跳网络高带宽、无线多跳的需求而提出。图 3-1 给出了无线多跳网络路由的分类示意图。本节将对前 4 类具有代表性的路由进行介绍,而基于网络编码的路由将在 3.3 节介绍。

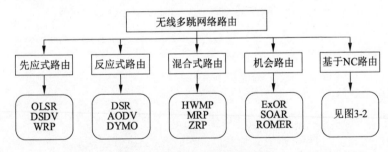

图 3-1　无线多跳网络路由分类

3.1.1 先应式路由

先应式路由中节点周期性发送路由信息,能够快速为数据传输建立路由,路由建立时间较短。但其需要周期性发送路由消息,开销较大,不适用于规模较大的网络。

（1）OLSR[2]

OLSR 路由是基于链路状态(Link State)协议进行优化得到。

传统的链路状态协议中,每个收到泛洪报文的节点均参与转发,开销较大。而 OLSR 路由提出了多点转发的概念,从收到泛洪报文的节点中选取部分节点作为转发节点集合 MPR,以减少转发信息量。OLSR 路由中,链路状态信息由被选定的转发节点产生,减少了泛洪控制消息的消息源,减少泛洪消息传播。另外,OLSR 中链路状态信息只在 MPR 节点和 MPR 选择者之间传递。因此 OLSR 路由与传统的链路状态路由相比,其开销大大降低。

（2）DSDV[3]

DSDV 路由是一种逐跳距离矢量路由,每个节点维护一张包含到目的节点路由信息的路由表,并根据每个节点周期性的广播消息更新路由表,以适应网络的拓扑变化。DSDV 基于 Bellman – Ford 算法的改进算法,通过设定目的节点序列号的方法解决了距离矢量中的循环和无线计数问题。目的节点序号由目的节点生成并分配,用于判别路由是否过时,避免路由环路的产生。

DSDV 路由中,每个节点周期性广播路由更新并维护路由表,使得其能迅速为通信建立路由,而且保证网络中无环路。但 DSDV 路由开销较大,仅适用于小规模网络。随着网络规模的增长和拓扑变化频率的增加,DSDV 的协议开销急剧增长。

（3）WRP[4]

WRP 路由是较早的先应式路由。WRP 路由中,每个节点都代表一个路由,同时也是一个包括信息处理、本地存储和输入输出队列在内的容量无限的计算单元。WRP 路由的优势在于,由于节点记录先驱节点,可以有效避免路由环路;采用 Hello 机制,能够快速感知网络拓扑的变化,路由更新速度较快。但是 WRP 路由中,节点需维护 4 张表格,存储开销较大。利用 Hello 报文探测网络连通性,耗费较多的能量开销。此外,网络更新分组消耗的带宽较多。

3.1.2　反应式路由

反应式路由在需要建立路由的时候才发起路由发现进程,其路由开销较小。但缺点是路由建立时间通常较长,对数据传输的延时影响较大。

（1）DSR[5]

动态源路由 DSR 使用源路由而不是逐跳路由，数据分组头部携带了到达目的节点的完整路由，而不是由每一跳的节点来决定下一跳的路由。收到分组的节点依据分组携带的路由信息转发分组。DSR 路由主要包括路由发现和路由维护两个方面。路由发现过程中，源节点向目的节点泛洪发送路由请求报文 RREQ（Route REQuest）。中间节点在收到 RREQ 报文后，将本节点的信息添加到 RREQ 报文中。在到达目的节点后，RREQ 报文包含从源节点到目的节点的完整路径信息。目的节点收到 RREQ 报文后，将向源节点发送路由应答报文 RREP（Route REPly）。RREP 报文将沿着 RREQ 报文的反向路径回到源节点，并更新源节点到目的节点的路由。路由维护进程负责监控路由的有效性。当发现路由失效后，将发送路由出错报文 RERR（Route ERRor），告知相关节点更新路由。

（2）AODV[6]

AODV 路由基于 DSDV 路由和 DSR 路由，它借用了 DSR 的路由发现和路由维持机制，利用了 DSDV 的按跳路由、顺序编号和周期更新机制。AODV 路由中不需要维护路由表，仅在需要的时候才启动路由发现过程，降低了路由维护的开销。AODV 路由协议能够对动态链路状况进行快速自适应，处理开销和存储开销低，路由控制开销也很小，具有良好的性能。AODV 能够处理低速、中速，以及相对高速的移动速率，还能够处理各种级别的数据通信。

（3）DYMO[7]

DYMO 路由于 2005 年提出，被认为是一种继承自 AODV 的反应式路由。DYMO 路由的目标是设计一种中间节点开销小、实现简单的路由。DYMO 沿用了 AODV 路由中的序列号机制以避免环路和标识路由新旧程度。DYMO 也对 AODV 协议进行了一些改进。DYMO 借鉴了源路由的路径发现机制，使得中间节点在收到路由应答报文 RREP 时获取路径信息。而在发送数据的头部保存有路径信息，中间节点依据路径进行转发，也可据此路径得到路由信息。此外,DYMO 放弃了 AODV 中的局部修复机制,增加了路径收集机制。在节点转发 RREQ 和 RREP 报文时,将其地址信息添加进控制信息中。当其他节点收到这些报文,可以缓存自身没有的一些路径信息。

3.1.3　混合式路由

混合式路由将先应式路由和反应式路由相结合,以充分发挥两种路由技术的优势。

（1）HWMP[8]

HWMP 路由是 IEEE 802.11s 默认使用的路由协议,在 AODV 协议的基础上改进得到。HWMP 路由有两种工作模式:先应式模式和反应式模式。在先应式模式中,网络需要选举出一个节点作为根节点,并将网络拓扑转换为树状拓扑。该根节点周期性地泛洪发送路由请求消息,建立并维护从根节点到网络中其他节点的路由。当网络中任意两个节点需要通信时,则采用反应式模式。反应式路由模式中,源节点向目的节点发送 RREQ 报文,而目的节点在收到 RREQ 后向源节点泛洪 RREP 报文。源节点收到 RREP 报文后,将建立到目的节点的路由信息。

（2）MRP[9]

MRP 路由也是一种混合式路由。MRP 考虑了 Mesh 网络中存在网关节点的情况,将网络拓扑构建为树状结构,并将网关节点作为根节点。新加入网络的节点可以通过两种方式获取到网关节点的路由。新加入节点向一跳范围的邻居节点发送路由发现报文 RDIS(Route DIScovery)。收到 RDIS 报文的节点,向新加入节点返回路由通告报文 RADV(Route ADVertisement),告知新加入节点到网关节点的路由。另一种方式是,网络中已有节点周期性发送包含路径信息的 Beacon 报文。新加入节点在收到 Beacon 报文后,即可建立到网关节点的路由。而在普通节点之间的路由,采用普通的按需路由,寻找这两个节点的共同父亲节点。

（3）ZRP[10]

ZRP 路由是一种典型的混合式路由。ZRP 路由将网络中的节点依据通信的距离划分为一个个独立的区域。对于一个节点,距离该节点指定跳数以内的节点,与该节点构成一个区域。据此原则将网络划分为多个独立区域。在每个区域的边缘,指定多个节点负责区域之间的通信。在区域内,ZRP 采用先应式路由机制,以快速建立路由。而在区域之间,ZRP 采用反应式路由机制,减少路由开销。

3.1.4 机会路由

机会路由是近年来被提出的一种非确定路径路由技术。该路由充分利用了无线信道的开放特性,在数据传输过程中,动态选择距离目的节点最近的节点下一跳传输节点。但是该路由技术需要复杂的下一跳节点选择机制,一定程度上影响了其性能。

(1) ExOR[11,12]

ExOR 是首个提出的机会路由。无线 Mesh 网络中的无线信道具有开放性,当源节点发送数据时,在其通信范围内的节点都将收到该数据包。ExOR 路由充分利用了无线信道的这一特点,从收到数据的多个节点中选择距离目的节点"最近"的节点作为下一跳节点。而中间节点到目的节点的"距离",使用路由度量 ETX[13] 来衡量。为计算路径的 ETX 值,在 ExOR 路由中每个节点周期性发送 Hello 报文探测链路的 ETX 值。在源节点数据发送前,利用迪杰斯特拉算法计算各邻居节点到目的节点的 ETX 值,到目的节点的 ETX 值小于源节点到目的节点 ETX 值的邻居节点构成候选节点集合。候选节点集合中,距离目的节点 ETX 值最小的节点被赋予最高转发优先级。数据在中间节点转发过程中,只允许候选节点集合中一个节点负责转发,以避免数据重复和资源浪费。按此机制,源节点不断发送数据,收到数据的中间节点且优先级最高的节点转发,直到大部分数据(90%)到达目的节点。剩余的数据采用最短路径传输。

ExOR 路由充分发挥了无线信道的开放性,尽最大努力提高数据传输效率。但 ExOR 路由中,候选节点集合的构造,以及下跳节点的选择机制,较为复杂开销较大,且无法保证避免数据重复,制约了 ExOR 路由性能的发挥。

（2）SOAR[14]

SOAR 路由是对 ExOR 的改进，并使用 ETX 作为路由度量。SOAR 路由使用传统路由首先在源节点和目的节点之间建立一条最短路径。SOAR 首先使用传统路由方法建立一条源节点到目的节点的最短路径，并依据节点偏离最短路径的跳数选取备选转发节点和确定其转发优先级。只有距离最短路径节点的 ETX 值小于指定的门限值，才被选为备选节点。而为了避免数据重复和减少干扰，各备选转发节点之间的 ETX 值要高于指定门限值。SOAR 路由将数据传输集中在源节点目的节点之间的最短路径附近，避免数据传输分叉，有利于下跳转发节点的协商选择，减少数据重传。但这也导致转发效率的下降。此外，SOAR 利用目的节点反馈机制，使得源节点能够自适应调节数据发送速率。

（3）ROMER[15]

为了解决高丢失条件下机会路由的健壮性和可靠性，Yuan 等提出了 ROMER 路由。在数据发送前，ROMER 路由构建源节点和目的节点之间的最短路径。每个数据分组中设置一个域，记录该分组偏离最短路径的距离。如果该偏离距离小于指定阈值，所有收到该数据包的中间节点将把该分组转发出去。按照该机制，将形成围绕该最短路径的椭圆形转发区域。该椭圆形区域内包含足够数量的中间节点，以提高高丢失条件下数据传输的可靠性。

3.1.5　基于网络编码的无线多跳网络路由分类

由于网络编码在无线网络环境下具有减少数据传输次数、提高网络吞吐量等方面的技术优势，目前研究人员已经相继提出一些基于网络编码的无线多跳网络路由[21-27]。

应用于无线多跳网络路由中的网络编码，依据参与编码的数据流属于同一数据流还是属于多跳数据流，可以分为流内网络编码和流间网络编码。所谓流内网络编码，即参与编码的数据来自同一数据流，典型编码方法是随机线性网络编码，一般用于提高路由传输的可靠性。所谓流间网络编码，是指参与编码的数据来自不同数据流,典型编码方法是 XOR 异或编码,可以减少数据传输次数,提高网络吞吐量。

因此基于网络编码的无线多跳网络路由可以分为 3 类:基于流间网络编码的路由、基于流内网络编码的路由、基于流间网络编码和流内网络编码的混合路由,如图 3-2 所示。基于流间网络编码的路由,可以进一步分为与源路由 DSR(Dynamic Source Routing)结合的基于流间网络编码路由、与机会路由 OR(Opportunistic Routing)结合的基于流间网络编码路由。本章后续将对相关分类和每种路由的代表性路由进行介绍。

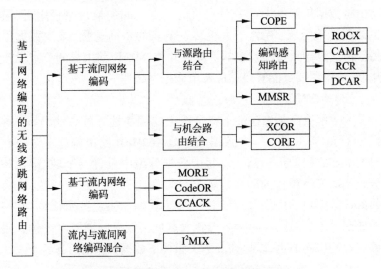

图 3-2　基于网络编码的无线多跳网络路由分类

3.2　无线多跳网络路由度量

路由度量[16,17]用于评价路由性能,为路由选择提供依据,其设计的优劣直接影响路由协议的性能。因此路由度量的设计一直是路由协议设计中的一个重要方面。本节将对当前无线 Mesh 网络路由的主流路由度量进行介绍。

有线网络中,链路受到的干扰较小,链路质量较高,数据丢失率较低。有线路由通常使用跳数、单跳往返时间、单跳包对延时等作为路由度量,能够准确评价链路和路径性能。而无线网络中,无线信道具有开放性,容易受到其他节点的干扰,且无线信号具有时变特性,信号质量不稳定,从而导致无线链路的分组丢失率较高。目前无线 Mesh 网络路由度量主要有以下几种:

（1）跳数（Hop Count, HOP）

HOP 度量计算一条路径所经历的节点数目,并选择 HOP 最小的路径作为路由。该路由度量不需要额外的测量操作,实现较为简单,在有线网络和拓扑频繁变换的 Ad hoc 网络路由中效果较好,但在无线 Mesh 网络中性能较低。因为在 Mesh 网络中跳数较小的路径,往往其单跳链路距离较长,丢包率较大,影响整条路径性能。此外,跳数作为路由度量,也没有考虑节点带宽。

（2）单跳往返时间（Per-hop Round Trip Time, RTT）[18]

RTT 度量计算相邻节点间单播数据包的往返时间。一条路径的 RTT 值为路径上所有链路 RTT 值之和。路由算法选择具有最小 RTT 值的路径作为路由。为了计算 RTT 值,节点周期性地向邻居节点发送单播探测报文,该报文携带时间信息。邻居节点收到探测报文后,立即向发送节点返回。发送节点依据报文的时间信息计算到邻居节点链路的 RTT 值。为保证 RTT 值的稳定性,节点使用指数加权的方法计算 RTT 平均值。

RTT 的计算独立于负载,容易引起网络不稳定,即"自干扰"现象。此外,计算 RTT 值需要一定的网络开销,且 RTT 没有考虑节点的传输速率。

（3）单跳包对延时（PktPair, Per-hop Pakcet Pair Delay）[19]

PktPair 计算相邻节点间一对连续探测包的到达时间差。发送节点向邻居节点每隔固定时间发送一对连续探测包。第一个探测包较小,而第二个探测包较大。邻居节点在收到这两个探测包后,计算其到达时间差,并返回给发送节点。发送节点采用指数加权方法计算到每个邻居节点的 PktPair 值。路由算法选择具有最小

PktPair 和的路径作为路由。PktPair 与 RTT 相比,不受队列延时的影响,因为两节点经历的队列延时相同。而第二个探测包较大,使得 PktPair 能够考虑到节点的链路传输速率和带宽。但 PktPair 的开销较大,且不能完全解决自干扰问题。

（4）期望传输次数（Expected Transmission Count, ETX)[13]

ETX 表征一条链路成功传输一个数据包所需要的期望传输次数。ETX 采用在链路层发送单播包的方法计算 ETX 值。

ETX 计算采用 802.11 协议,其一个数据包的成功传输表现如下:邻居节点成功收到数据包,发送节点成功收到回复报文。假定从发送节点到接收节点链路的传输失败概率为 p_f,由接收节点到发送节点的传输失败概率为 p_r,发送节点到接收节点的丢包率为 p,则有

$$p = 1 - (1 - p_f) \times (1 - p_r) \tag{3-1}$$

当传输失败后,发送节点将进行重传。假定发送节点经过 k 次重传后,数据传输成功,则成功概率为

$$s(k) = p^{k-1} \times (1 - p) \tag{3-2}$$

那么发送节点成功将数据包传输到接收节点的期望传输次数为

$$ETX = \sum_{k=1}^{\infty} k \times s(k) = \frac{1}{1 - p} = \frac{1}{(1 - p_f) \times (1 - p_r)} \tag{3-3}$$

一条路径的 ETX 的值计算如式(3-3),而一条路径的 ETX 值为其各链路的 ETX 值之和。路由算法选择具有最小 ETX 值的路径作为路由。

为计算 ETX 值,节点周期性发送广播探测包,该探测包包含之前一段时间从邻居节点收到的探测包的情况。基于广播探测包,节点能够计算得到正向和反向链路的丢包率,并据此计算得到 ETX 值。ETX 以广播探测包取代其他度量使用的单播包,减少了网络开销。ETX 没有考虑延时,几乎可以避免自干扰现象。ETX 的缺点在于没有考虑链路负载和数据传输速率,且 ETX 采用的探测包较小,并以最小速率发送,所探测得到的链路丢包率与网络实

际情况有所偏差。

（5）期望传输时间（Expected Transmission Time,ETT）[20]

考虑到 ETX 没有考虑到链路带宽和传输速率,Draves 等提出了路由度量 ETT。ETT 表征一条链路成功传输一个数据包所需要的期望传输时间。假定 S 表示数据包的大小,B 表示链路带宽,ETT 的计算如下:

$$ETT = ETX \times \frac{S}{B} \tag{3-4}$$

（6）加权累积期望传输时间（Weighted Cumulative Expected Transmission Time,WCETT）[20]

WCETT 考虑了多信道、多接口无线路由中的路有度量,其定义如下:

$$WCETT = (1 - \beta) \times \sum_{i=1}^{n} ETT_i + \beta \times \max_{1 \leqslant j \leqslant k} X_j \tag{3-5}$$

WCETT 主要包括两个部分,前一部分是路径的 ETT 值,后一部分反映路径的干扰情况。其中参数 β 是调节因子,其取值区间在 $[0,1]$ 内,平衡两部分的比重。其中 X_j 定义如下:

$$X_j = \sum_{\text{第} i \text{条链路使用信道} j} ETT_i, \ 1 \leqslant j \leqslant k \tag{3-6}$$

X_j 表示路径中使用信道 j 的链路的 ETT 值的和。多接口多信道无线网络中,希望一条路径上的链路尽量使用不同的信道,以避免前后链路的干扰。其中使用某个信道的链路的 ETT 值的和最大,则对链路的干扰最大。式(3-6)反映了路径中前后链路的干扰情况。

3.3　基于流间网络编码的路由

3.3.1　流间网络编码与 DSR 相结合的路由

（1）COPE[28]

美国麻省理工学院 Sachin 等首次将网络编码技术引入无线多跳网络路由,并提出了一种基于网络编码的单播路由 COPE。

COPE 路由提出了存在流间网络编码机会的两种基本编码拓扑结构：链形拓扑和"X"形拓扑，如图 3-3 所示。链形拓扑中，数据流 $flow_1$ 由节点 1 通过节点 C 向节点 2 发送数据，而数据流 $flow_2$ 由节点 2 通过节点 C 向节点 1 发送数据，如在节点 C 对 $flow_1$ 和 $flow_2$ 的数据包进行网络编码（异或操作），并将编码后的数据包广播出去，节点 1 和 2 可以对编码数据包异或操作，得到需要的原始数据包，这样可减少数据包的发送次数，节省网络带宽资源消耗。"X"形拓扑中，$flow_1$ 由 1 通过节点 C 向 4 发送数据，而 $flow_2$ 由 2 通过节点 C 向 3 发送数据，此时节点 3 和 4 不是发送节点，普通情况下无法对编码数据包进行解码。对此，COPE 路由提出了"机会监听"的概念。在"X"形拓扑中，由于节点 3 和 4 分别在 1 和 2 的发送范围内（图中虚线所示），可通过"机会监听"分别得到用于解码的数据包，这样节点 C 就可以对来自 $flow_1$ 和 $flow_2$ 的数据包进行编码，而节点 3 和 4 也可以解码得到需要的原始数据包。

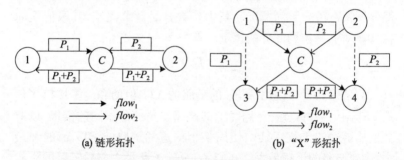

(a) 链形拓扑　　　　　(b) "X"形拓扑

图 3-3　COPE 路由中定义的基本编码拓扑结构

在发现路由的过程中，COPE 路由使用 ETX[29] 作为路由代价度量。ETX 是一种表征节点间链路质量的代价度量，通过计算节点间成功传输一个数据包所需要的传输次数来表示。

COPE 路由基于链形编码拓扑和 X 形拓扑，这两种存在编码机会的网络拓扑，提出了网络编码条件，即编码节点的下一跳节点能够正确解码得到原始数据包。在 COPE 路由中，首先使用 DSR 发现路由，然后节点在数据包发送的过程中检测数据流的拓扑情况，如果出现如图 3-2 所示的编码拓扑结构,则对对应的数据流数据包进行编码。

　　仿真结果表明,COPE 路由与普通路由相比,在网络吞吐量方面的性能有显著的提升。但是 COPE 路由存在两点局限:一方面,COPE 在发现的路由中寻找编码机会,即编码机会发现方式较为被动,不能在路由发现过程中主动调整路由路径创造网络编码机会,从而忽略了一些潜在的编码机会;另一方面,编码拓扑范围局限在编码节点的一跳范围内,约束了网络编码的应用范围,忽略了多跳网络编码机会。

　　(2) ROCX[30]

　　美国南加州大学 Ni Bin 等针对 COPE 路由在发现的路由中寻找编码机会的较为被动的方式,提出了"编码感知"的概念,并提出了首个编码感知路由 ROCX。网络编码感知就是在路由发现的过程中主动感知网络中的编码机会,从而增加路由中的编码机会,提高网络吞吐量。如图 3-4 所示,网络中有两条数据流:$flow_1$ 流向是 $6 \to 4 \to 3 \to 2 \to 1$,$flow_2$ 的流向是 $1 \to 2 \to 3 \to 5 \to 9$,此时有 $flow_3$ 希望由 9 向 6 发送数据。如果使用普通最短路径路由,如 DSR 路由,路径 $9 \to 8 \to 7 \to 6$ 将被作为路由,其跳数最小。

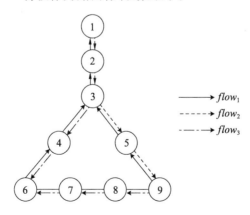

图 3-4　ROCX 算法中编码感知示例

　　然而可以发现,如果 $flow_3$ 采用 $9 \to 5 \to 3 \to 4 \to 6$ 作为路由,则在

节点 4 和 5 存在编码机会,此时可以减少网络的数据传输次数。

此外,ROCX 提出了路由代价度量 ECX(Expected Coded Number)。ECX 用来表征两个节点之间通过一个中继节点成功传输数据包所需要的编码数据包的传输次数。基于 ECX,ROCX 使用线性优化算法优化网络中的编码机会。但 ROCX 使用优化算法的方法,对节点的计算能力要求较高,且没有克服编码拓扑两跳范围的限制。此外,ROCX 路由容易引起数据向存在编码机会的区域聚集,引起网络负载不均。

(3)CAMP[31]

Han 等将编码感知的概念与多径路由结合,提出了编码感知多径路由 CAMP(Coding Aware Multipath Routing)。与 COPE 路由一样,CAMP 使用 ETX 作为路由代价度量,但 COPE 可以发现多条路径,并且依据路径的可靠性及编码机会,动态地将网络流量分配到各条路径上。CAMP 最重要的一点是能够通过主动在发现的多条路径间切换创造编码机会,而不是在发现的路径中被动地寻找编码机会。因此 CAMP 能够增加编码机会,而且不需要机会监听。

为了衡量在取得的编码增益和因为未选最优路径带来的损失之间的折中,CAMP 路由提出了路径切换增益的概念,以便于定量地决定是否切换路径以利用网络编码。CAMP 路由与 COPE 路由相比,不需要节点进行机会监听,路由开销较小。但是 CAMP 路由中,数据包在传输过程中的每一跳都需要进行多径路径的计算和选择,需要较多的处理延时,节点的开销较大。

(4)RCR[32]

前面提到的 COPE、ROCX、CAMP 路由都假定参与网络编码的数据流具有同样的数据速率。这显然是不现实的,网络中通常存在各种流速的数据流。在速率不匹配的情况下,网络编码感知路由是一个全新的问题。为此 Yan 等提出了速率自适应的编码感知路由 RCR(Rate Adaptive Coding Aware Routing)。

RCR 尝试通过多径路由的方式解决速率不匹配的问题。RCR 提出了一个以节点为中心的路由代价度量 RTN(Required Transmission Number)，以此发现到目的节点的多条路径。在存在编码机会的路径上，分配相匹配的数据速率，而剩余的数据流量通过多径路由中的其他路径传输。这样能够尽最大可能保证利用网络编码的技术优势。但 RCR 路由同样没有解决编码拓扑结构 2 跳范围的限制。

（5）DCAR[33]

香港地区中文大学 Le Jilin 指出了 COPE 路由的两点局限，并提出了分布式编码感知路由 DCAR（Distributed Coding Aware Routing）。DCAR 使用了一种能够感知编码机会的路径发现机制，被称为"Coding + Routing"。此外，DCAR 形式化地阐述了两条未编码数据流在交叉节点的网络编码条件。

DCAR 设计了一种新型的路由代价度量 CRM（Coding-aware Routing Metric）。DCAR 使用 CRM 来判断存在编码机会和不存在编码机会的路径的性能，并做出路由决定。因此 DCAR 能够发现具有较高吞吐量，且具有编码机会的路径。而且 DCAR 能够在整条路径上探寻编码机会，扩展了编码拓扑的范围，克服了 COPE 路由中编码机会两跳范围的限制。

但其提出的两条数据流在交叉节点的网络编码条件存在失效的情况，且与 ROCX 路由一样容易引起数据流在存在编码机会的区域聚集，导致网络热点的出现。

（6）MMSR[34]

从 COPE 路由中的编码拓扑可以看出，一个数据流能否在一个中间节点进行网络编码，依赖于上一跳节点的情况。Wu 等从这一观察出发，提出了基于马尔科夫代价度量的路由 MMSR（Markovian Metric Source Routing）。MMSR 使用马尔科夫路由代价度量 ERC（Expect Resource Consumption）来对网络编码带来的传输资源消耗减少进行建模。马尔科夫代价度量考虑了网络编码对传输次数减少的影响，能够引导路由更好地利用网络编码，从而提高网络性能。为了便于路由计算，MMSR 引入了点图（Dot Graph）构造。点图能够反映由于使用了网络编码，条件代价度量小于无条件代价度量,而且便于路由计算的统一。但是点图的构造较为复杂,不便于网络的实际部署和使用。

3.3.2 流间网络编码与机会路由相结合的路由

机会路由由于利用了无线信道开放的属性,能够显著提高网络性能。相比于传统路由,机会路由先将数据包广播出去,然后从收到数据包的节点中选择最靠近目的节点的节点作为下一跳节点,这样数据包每次都被最靠近目的节点的节点所转发,直到到达目的节点,从而保证机会路由的性能。由此研究人员考虑将机会路由与网络编码技术相结合,提出了一些基于网络编码和机会路由的混合路由协议。本节介绍基于流间网络编码和机会路由的混合路由。

(1) XCOR[35]

XCOR 路由基于 SOAR[36] 路由。SOAR 路由是一个机会路由,且能够容纳多个数据流,因此便于与流间网络编码相结合。如其他机会路由一样,XCOR 路由中每跳数据包通过广播发送,而依据 ETX 的值距离目的节点最近的节点被赋予最高优先级,作为下一跳转发节点。这样 XCOR 避免了机会路由中的重复传输。为了评价网络编码带来的增益,XCOR 设计了效用增益。Qin 等在文献 [37] 中认为,机会路由不适合与流间网络编码结合,因为在机会路由中路径是不确定的,而流间网络编码需要确定路径。为了解决这一问题,XCOR 使用接收报告消息告知节点自己收到了哪些消息,并且动态地发现编码机会。

在每个中间节点,节点检查来自不同数据流的数据包,如果在编码之后的效用增益大于编码之前的效用增益,则考虑对数据包进行编码。仿真结果显示,由于使用了两种技术,XCOR 能够分别利用它们的优势,并且可以在任何场合下进行协同。XCOR 路由虽然可以结合机会路由和流间网络编码两者的优势,但是无法避免复杂的下一跳节点选择过程。

(2) CORE[38]

在机会路由中,如果选择具有最大网络编码机会的节点作为下一跳节点,能够获得编码增益,那么网络性能能够得到提升。基于这一考虑,Yan 等提出了结合流间网络编码和机会路由的混合路由 CORE (Coding aware Opportunistic Routing Mechanism)[38]。CORE 的原理可以通过图 3-5 中的例子说明。如图 3-5 所示,节点 1 要发送数据包 P_1 给 4,节点 4 要发送数据包 P_2 给 3。1 和 4 分别将 P_1 和 P_2 发送出后,2 和 3 收到了 P_1,2 和 5 收到了 P_2。此时如在节点 2 对 $P1$ 和 $P2$ 编码,然后将编码数据包发送出去,则 3 和 4 可分别解码得到 P_2 和 P_1,只需一次数据发送。因此选择节点 2 作为下跳节点,可节省数据发送次数。

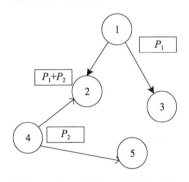

图 3-5　CORE 算法中数据流示例

CORE 中节点将数据包发送给相邻节点后,相邻节点间通过协商选择存在最大编码机会的节点作为下一跳节点。如此数据包被不断转发直到到达目的节点。CORE 一方面受益于机会路由技术,另一方面可以受益于流间网路编码带来的吞吐量的提升。但是,CORE 路由并没有消除机会路由中的下跳节点协商问题。

3.4　基于流内网络编码的路由

流内网络编码应用于路由技术中时,一般和机会路由[39]结合。近年来机会路由[24]由于其性能优秀,成为路由领域的研究热点。机会路由中每个中间节点将数据包广播出去,然后从接收到数据包的节点中选择一个节点作为下一跳节点。在多个接收到数据包的节点之间协商产生下一跳节点的协商方式显得非常重要而且处理较为复杂,如果处理不当,容易引起数据包的重复发送,降低网络的性能。然而复杂的协商机制不适合具有丢失特性的无线网络。这一问题一直制约和影响机会路由的发展,直到 Chachulski 等将流内网络编码引入到机会路由,并提出了 MORE 路由[40]才完美地解决了这一问题。

(1) MORE[40]

机会路由改变了数据包沿着预定路由传输的方式。机会路由中节点将数据包发送给邻居节点后,将选择离目的节点最近的节点作为下一跳节点继续发送过程。但是机会路由需要下一跳节点之间复杂的协商和协调,这一机制限制了机会路由的性能。MORE 算法首次提出将流内网络编码和机会路由结合,消除了机会路由中存在的节点间协商和协调机制,提高了机会路由的性能。

MORE 路由使用了一个文件传输的例子来说明其路由过程。在源节点,文件被分割为没有重复和交叉的块,每块有 K 个数据包。然后源节点将当前块内的 K 个数据包做随机线性组合运算,并将该编码后的数据包广播出去。在 MORE 路由中,所有传输的数据包都经过了编码,而且带有对应的编码系数。当一个中间节点收到一个数据包后,它将首先检查该数据包的编码向量与其缓存中收到的其他数据包编码向量的线性相关性。如果它们的关系是线性独立的,也即这个数据包对该节点来说是新的,节点将接收数据包,否则丢弃之。当目的节点收到当前块内的足够数目的数据包,它将对这些数据包做解码操作,然后发送一个确认消息返回给源节点通知它发送下一组数据。

数据包编码向量线性独立的检查,避免了重复数据包的发送和无用传输。因此 MORE 中转发备选者之间不需要协商机制,与传统机会路由相比能够取得显著的性能提升。然而在 MORE 中仍然存在一些非新数据包的传输,消耗了一部分带宽资源。

(2) CodeOR[41]

在 MORE 路由中,源节点将文件分割为多个块,且只能对同一块内的数据包进行编码。源节点直到收到当前块的确认报文后，才开始传输下一块内的数据包。当网络规模增大时，这种方式降低了网络性能，因为同一时刻网络内只允许一个块内数据包的传输。而并发传输过多块的数据包又很容易加重网络负载，引起网络拥塞。

为此 Lin 等将滑动窗口机制引入 MORE 路由中，并提出了一种新型路由 CodeOR（Coding in Opportunistic Routing）。在 CodeOR 中，每个节点维护一个发送窗口，只有在发送窗口内的块的数据才允许在全网中发送。此外，CodeOR 使用了端到端确认机制 E - ACK 和逐跳确认机制 H - ACK。当目的节点接收到并解码块 i 和所有块 i 之前的所有块的数据时，目的节点向源节点发送 E - ACK。收到 E - ACK 后，源节点可以开始发送下一块内的数据。节点使用 H - ACK 通知上游节点：当前节点已经收到一个块内的足够数据，上游节点可以发送下一个块内的数据。通过端到端确认和逐跳确认机制，可以避免重复数据传输。与 MORE 相比，使用 CodeOR 路由的网络中允许同时传输多个块内的数据，因此显著提高了数据传输效率，而且特别适合于大规模网络。

（3）CCACK[42]

在 MORE 路由中，无用数据包的传输也是一个比较大的问题。这里无用数据包是指编码系数与节点缓存中已接收数据包编码系数线性相关的数据包。无用数据包的传输浪费了带宽资源，而且降低了 MORE 路由的性能。已有的解决方法是使用基于链路丢失率的积分机制来控制编码数据包的传输。但这种机制需要精确和及时的链路质量信息。而在无线网络中，实现准确和及时的链路质量信息的获取比较困难。

为此 Koutsonikolas 等提出了与链路丢失率无关的解决方案，并提出了 CCACK（Cumulative Coded Acknowledgement）路由。CCACK 路由使用累计编码确认机制，允许节点告知上游节点其已经接收到的数据包的编码向量。这种方式较为简单，与链路丢失率无关，且负载基本为 0。然后上游节点知道下游节点已经收到了哪些数据包,从而只发送有用数据包给下游节点,以避免无用数据传输,从而节省网络带宽。此外 CCACK 使用了一种基于积分的速率控制算法。但是 CCACK 路由无法保证返回的编码向量完全正确,存在较低概率的出错。

3.5　基于流内与流间网络编码的混合路由

在不同数据流的交叉节点实施流间网络编码可以减少数据传输次数,提高网络吞吐量。而在数据流内实施流内网络编码,由于数据的传输不再依赖于单个数据的可靠接收,可以增强数据传输的可靠性。由此,研究人员想到将两者结合起来。Qin 等首次提出了结合流内网络编码和流间网络编码的混合路由 I^2MIX。I^2MIX 结合了流内网络编码和流间网络编码的优势。I^2MIX 路由在数据流内实施流内网络编码,以提高数据传输,而在数据流间实施流间网络编码,提高网络吞吐量。

图 3-6 通过一个典型的流量模型说明 I^2MIX 如何从流内网络编码和流间网络编码受益。假定数据流 $flow_1$ 由节点 1 通过 3 发送 n 个数据包给 5,而数据流 $flow_2$ 由节点 2 通过 3 发送 n 个数据包给 4。两条数据流在流内采用流内网络编码提高数据传输的可靠性。如果使用传统的路由,节点 3 需要至少发送 $2n$ 个数据包。如果使用 COPE,这一数量能够减少到 n。在图 3-6 的场景中,既然节点 4 和 5 已经分别从节点 1 和 2 监听到 $1.5n$ 的编码数据包,如果在节点 3 进行流间网络编码,并广播给 4 和 5,它们只需要再收到 $0.5n$ 的数据包。这样使用 I^2MIX,节点 3 的数据包传输数量可以减少到 $0.5n$。然而,如何保证这 $0.5n$ 的数据包对节点 4 和 5 都是有用的,I^2MIX 路由中没有考虑。而这一点在 I^2MIX 的实用中至关重要,否则将会产生无用数据的发送。

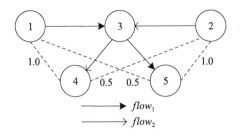

图 3-6 I^2MIX 中结合流内网络编码和流间网络编码的典型流量模型

3.6 本章小结

本章对基于网络编码的无线多跳网络路由技术进行了梳理与分类,分为基于流间网络编码的路由、基于流内网络编码的路由、基于流内与流间网络编码的混合路由。由于后两类路由主要与机会路由结合,利用网络编码技术来解决机会路由的下跳节点协调问题,不能充分反映网络编码在减少数据传输次数、提高网络吞吐量的技术优势,本书主要针对基于流间网络编码的路由技术进行研究。

当前基于流间网络编码的路由技术仅仅从网络层考虑网络编码机会的感知,且网络编码条件存在失效的情况,引起编码感知的误判,造成资源浪费。这种路由容易引起数据流向存在编码机会的区域聚集,导致网络负载分配不均、能耗分配不均。此外,现有编码感知路由未考虑节点能量受限的无线多跳网络等问题。

参考文献

[1] Alotaibi E, Mukherjee B. A survey on routing algorithms for wireless Ad-Hoc and mesh networks [J]. Computer Networks, 2011, 56(2):940 – 965.

[2] Jacquet P, Mühlethaler P, Clausen T, et al. Optimized link

state routing protocol for Ad Hoc networks[C]//In Proceedings of IEEE INMIC 2001, 2001:62 -68.

[3] Perkins C E, Bhagwat P. Highly dynamic destination-sequenced distance vector routing (DSDV) for Mobile Computers [J]. SIGCOMM Computer Communication Review, 1994, 24(4): 234 -244.

[4] Murthy S, Garcia-luna-aveces J J. An efficient routing protocol for wireless networks[J]. ACM/Baltzer Journal on Mobile Networks and Applications, 1996, 1(2): 183 -197.

[5] Perkins C E, Royer E M. Ad-hoc on-demand distance vector routing[C]//In Proceedings of Second IEEE Workshop on Mobile Computing Systems and Applications(WMCSA 99), 1999: 90 -100.

[6] Johnson D, Hum Y, Maltz D. The dynamic source routing protocol (DSR) for mobile ad hoc networks for IPv4[M]. RFC Editor, 2007.

[7] Chakeres I, Perkins C. Dynamic manet on-demand (DYMO) routing, internet draft, internet engineering task force [EB/OL]. http://www.ietf.org/internet-drafts/draft-ietf-manet-dymo-11.txt.

[8] Bahr M. Update on the hybrid wireless mesh protocol of IEEE 802.11s[C]//In Proceedings of IEEE International Conference on Mobile Adhoc and Sensor Systems (MASS 2007), 2007: 1 -6.

[9] Jun J, Sichitiu M L. MRP:wireless mesh networks routing protocol[J]. Computer Communications, 2008, 31(7): 1413 - 1435.

[10] Haas Z J, Pearlman M R, Samar P. The zone routing protocol (ZRP) for ad hoc networks, IETF internet draft[EB/OL]. http://www.ietf.org/internet-drafts/draft-ietf-manet-zone-

zrp-04. txt.

[11] Biswas S, Morris R. Opportunistic routing in multihop wireless networks[J]. ACM SIGCOMM Computer Communication Review, 2004,34(1):69 –74.

[12] Biswas S, Morris R. ExOR: opportunistic routing in multi-hop wireless networks[J]. ACM SIGCOMM Computer Communication Review, 2005, 35(4):133 –143.

[13] Douglas S J De Couto, Aguayo D, Bicket J, et al. A high-throughput path metric for multi-hop wireless routing[J]. Wireless Networks, 2005, 11(4):419 –434.

[14] Rozner E, Seshadri J, Mehta Y A, et al. Simple opportunistic routing protocol for wireless mesh networks [C]// In Proceedings of the IEEE WiMesh 2006, [S.l.]:IEEE, 2006:48 –54.

[15] Yuan Y, Hao Y, Wong H Y, et al. Romer: resilient opportunistic mesh routing for wireless mesh networks [C]// In Proceedings of the IEEE WiMesh 2005, [S.l.]:IEEE, 2005:93 –99.

[16] Nageswara Rao S S, Sundara Krishna Y K, Nageswara Rao K. A study of routing metrics for wireless mesh networks [J]. International Journal of Research and Reviews in Wireless Communications, 2011, 1(2):24 –38.

[17] Borges V C M, Curado M, Monteiro E. Cross-layer routing metrics for mesh networks: current status and research directions [J]. Computer Networks, 2011, 34(6):681 –703.

[18] Adya A, Bahl P, Padhye J, et al. A multi-radio unification protocol for IEEE 802. 11 wireless networks[C]// In Proceedings of 2005 International Conference on Broadband Networks (BroadNets), [S.l.]:IEEE, 2004:344 –354.

[19] Keshav S. A control-theoretic approach to flow control[J]. Computer Communication Review, 1995,25(1):188 –201.

[20] Draves R, Padhye J, Zill B. Routing in multi-radio, multi-Hop

wireless mesh networks[C] // In Proceedings of ACM Annual International Conference on Mobile Computing and Networking (Mobilcom) 2004, [S. l.]: ACM, 2004:114 - 128.

[21] Bruno R, Nurchis M. Survey on diversity-based routing in wireless mesh networks: challenges and solutions [J]. Computer Communications, 2010,33(3):269 - 282.

[22] Martinez N, Bafalluy M. A survey on routing protocols that really exploit wireless Mesh network features[J]. Journal of Communications, 2010,5(3):211 - 231.

[23] Farooqi M Z, Tabassum S M, Mubashir Husain Rehmani, et al. A survey on network coding: from traditional wireless networks to emerging cognitive radio networks[J]. Journal of Network and Computer Applications, 2014, 46(11):166 - 181.

[24] Iqbal M A, Dai B, Huang B X, et al. Survey of network coding-aware routing protocols in wireless networks [J]. Journal of Network and Computer Applications, 2011, 34(6): 1956 - 1970.

[25] 陈晨, 董超, 茅娅菲, 等. 无线网络编码感知路由综述[J]. 软件学报, 2015, 26(1):82 - 97.

[26] Xie L F, Chong H J, Ho W H, et al. A survey of inter-flow network coding in wireless mesh networks with unicast traffic[J]. Computer Networks, 2015, 91(11): 738 - 751.

[27] Kafaie S, Chen Y, Dobre O A, et al. Joint inter-flow network coding and opportunistic routing in multi-hop wireless mesh networks: a comprehensive survey[J]. IEEE Communications Surveys & Tutorials, 2018,20(2):1014 - 1035.

[28] Katti S, Rahul H, Hu W J, et al. XORs in the air: practical wireless network coding[J]. IEEE/ACM Transactions on Networking,2008,16(3):497 - 510.

[29] Douglas S J De Couto, Aguayo D, Bicket J, et al. A high-

throughput path metric for multi-hop wireless routing[J]. Wireless Networks, 2005, 11(4):419 –434.

[30] Ni B, Santhapuri N, Zhong Z F, et al. Routing with opportunistically coded exchanges in wireless mesh networks [C] // In Proceedings of 2006 2nd IEEE Workshop on Wireless Mesh Networks (WiMESH 2006), [S. l.]:IEEE, 2006:157 –159.

[31] Han S, Zhong Z F, Li H X, et al. Coding-aware multi-path routing in multi-hop wireless networks[C] // In Proceedings of 2008 IEEE International Performance Computing and Communications Conference (IPCCC 2008), [S. l.]: IEEE, 2008:93 –100.

[32] Yan Y, Zhang B, Mouftah H T, et al. Rate-adaptive coding-aware multiple path routing for wireless mesh networks [C] // In Proceedings of 2008 IEEE Global Telecommunications Conference (GLOBECOM 2008), [S. l.]: IEEE, 2008:543 –547.

[33] Ji-lin L, Lui J C S, Dah-ming C. DCAR: Distributed coding-aware routing in wireless networks[J]. IEEE Transactions on Mobile Computing, 2010,9 (4):596 –608.

[34] Wu Y N, Das S M, Chandra R. Routing with a markovian metric to promote local mixing[C] // In Proceedings of IEEE INFOCOM 2007 – 26th IEEE International Conference on Computer Communications, [S. l.]:IEEE, 2007:2381 –2385.

[35] Koutsonikolas D, Hu Y C, Wang C C. XCOR: synergistic interflow network coding and opportunistic routing[C] // In Proceedings of the 2008 ACM International Conference on Mobile Computing and Networking, [S. l.]:ACM, 2008:2980 –2989.

[36] Rozner E, Seshadri J, Mehta Y A, et al. Simple opportunistic routing protocol for wireless mesh networks [C] // In Proceedings of the IEEE WiMesh 2006, [S. l.]:IEEE, 2006:48 –54.

[37] Chuan Q, Yi X, Gray C, et al. I2MIX: integration of intraflow and inter-flow wireless network coding[C] // In Proceedings of

2008 5th Annual IEEE Communications Society Conference on Sensor, Mesh and Ad Hoc Communications and Networks Workshops, [S. l.]:IEEE, 2008:1 - 6.

[38] Yan Y, Zhang B X, Zheng J, et al. CORE: a coding-aware opportunistic routing mechanism for wireless mesh networks[J]. IEEE Wireless Communications, 2010, 17(3):96 - 103.

[39] Chakchouk N. A survey on opportunistic routing in wireless communication networks[J]. IEEE Communications Surveys & Tutorials, 2015, 17(4):2214 - 2241.

[40] Chachulski S, Jennings M, Katti S, et al. Trading structure for randomness in wireless opportunistic routing[C] // ACM SIG-COMM 2007: Conference on Computer Communications, [S. l.]:ACM, 2007: 169 - 180.

[41] Lin Y F, Li B C, Liang B. CodeOR: opportunistic routing in wireless mesh networks with segmented network coding[C] // In Proceedings of 16th IEEE International Conference on Network Protocol(ICNP'08), [S. l.]:IEEE, 2008:1092 - 1648.

[42] Koutsonikolas D, Wang C C, Hu Y C. CCACK: efficient network coding based opportunistic routing through cumulative coded acknowledgments[C] // In Proceedings of IEEE INFOCOM 2010, [S. l.]:IEEE, 2010:216 - 224.

第4章　负载均衡的无线多跳网络的网络编码感知路由

4.1　问题提出

网络编码在减少数据传输次数、提高网络吞吐量方面具有巨大潜力[1]，目前基于网络编码的一系列无线多跳网络路由大多以增加网络编码机会为单一的优化目标[2-7]，提高网络编码对路由的贡献。

依据 COPE 路由对网络编码机会的定义及基本的编码拓扑结构（图 2-3），为了创造网络编码机会，后续到达的数据流必须与网络中已有的数据流交叉或反向重叠。随着网络中数据流数目的增多，使用编码感知路由的网络中，数据流将会在存在编码机会的区域聚集，引起网络负载分布的不均衡，导致网络出现热点区域和拥塞，影响网络的可用性。

以图 4-1 中的网络拓扑为例。在图 4-1 的网络中，数据流 $flow_1$ 沿着路径 $A{\rightarrow}B{\rightarrow}C{\rightarrow}D$ 从节点 A 到节点 D。此时，节点 D 有目的节点为 A 的数据包需要发送。如使用现有的编码感知路由，节点 D 将为这些数据包选择路径 $D{\rightarrow}C{\rightarrow}B{\rightarrow}A$ 作为到节点 A 路由并形成数据流 $flow_2$，因为选择路径 $D{\rightarrow}C{\rightarrow}B{\rightarrow}A$ 后，$flow\,1$ 和 $flow\,2$ 可以在节点 B 和节点 C 实施网络编码。依据网络编码条件，后续到达的数据流将与 $flow_1$ 和 $flow_2$ 交叉或反向重叠，导致图 4-1 中阴影区域内的节点负载较重，而阴影区域外节点负载较轻，引发网络的负载不均问题。最终阴影区域将成为网络的热点区域，引发网络拥塞。

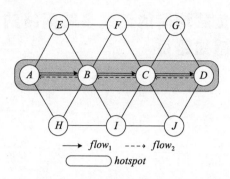

图 4-1　基于网络编码路由的负载不均问题示例

无线多跳网络是一种面向实用的无线网络,负载不均问题会直接影响编码感知路由的可用性。为此,本章设计了一种新型路由度量 LCRM(Load balanced Coding aware Routing Metric)。LCRM 综合考虑节点的网络编码增益、干扰和负载情况。基于 LCRM 本章提出负载均衡的编码感知多径路由 LCMR(Load balanced Coding aware Multipath Routing)。此外,针对 DCAR 路由提出的编码条件存在失效问题,LCMR 重新定义了两条一般交叉数据流在交叉节点的编码条件。LCMR 利用多径机制和 LCRM 均衡网络负载,在网络编码机会和网络负载均衡之间做出折中。仿真结果表明 LCMR 以牺牲部分编码机会为代价,实现网络负载均衡分配,实现网络在高负载情况下的可用性。

4.2　相关工作与研究动机

COPE 路由是第一个基于网络编码的路由,其基本思想是首先为节点建立到其他节点的路由,然后在节点转发数据时,依据基本网络编码拓扑和数据流路径,发现并利用编码机会。因此,COPE 路由将"路由发现"和"编码机会发现"两个过程独立,不会引导路由向存在编码机会的区域聚集,从而可以避免由于利用编码机会引起的负载不均问题。但 COPE 路由先建立路由、再发现编码机会的机制,使其无法充分发现和挖掘网络中存在的潜在编码机会,降低了路由协议的性能。

为了克服 COPE 路由在发现编码机会方面的不足,Ni 等提出了编码感知的概念。所谓编码感知,是将"路由发现"和"编码机会发现"两过程统一,即在路由发现的过程中发现网络编码机会。典型的编码感知路由有 ROCX、RCR、CAMP 和 DCAR。ROCX、RCR 和 CAMP 路由优先选择存在编码机会的路径,容易引起负载分配不均问题。

DCAR 路由在编码感知的基础上,进一步拓展了 COPE 定义的基本编码拓扑范围,可以发现更多的编码机会。DCAR 路由以 CRM 为路由度量,考虑了路径上所有节点的期望队列长度和,一定程度上反映了路径的负载情况。但 DCAR 路由没有考虑路径中单个节点的负载情况,而路径中某个负载较重的节点,将严重影响整条路由的性能[8]。此外,DCAR 路由没有考虑路径上节点的干扰情况。而无线网络中,由于无线信道的开放性,干扰严重影响路由的性能[8]。

Fan 等针对编码感知路由存在的问题,提出了启发式负载均衡编码感知路由 HLCR(Heuristic Load-balanced Coding-aware Routing)[9]。HLCR 路由考虑了节点的负载情况,但在计算节点队列长度时,没有考虑网络编码对队列长度的影响。此外,其采用邻居节点的平均负载衡量干扰程度。该干扰计算方法不能准确反映干扰程度,因为干扰的程度不取决于邻居节点的平均负载,而取决于邻居节点的负载总量。

目前针对无线多跳网络路由的负载均衡机制也有一定的进展。Devu 等提出了负载干扰感知路由度量 ILARM(Interference-Load Aware Routing Metric)[10],综合考虑节点的负载和干扰因素。文献[11]提出使用优化算法解决负载均衡问题。Ancillotti 等将无线多跳网络节点建模为一个队列,结合队列控制机制来解决负载均衡问题[12]。而这些负载均衡路由没有利用网络编码提升路由性能。

4.3 LCMR 路由设计

4.3.1 相关定义与节点结构

无线多跳网络可以抽象为一个无向图 $G=(V,E)$，其中 V 表示无线多跳网络中多跳路由器节点集合，而 E 表示无线多跳网络中节点间链路集合，$|V|$ 表示多跳路由器数目，$|E|$ 表示网络中无线链路数目。

定义 4-1 符号 $l_{ij} \in E$ 表示由节点 i 到节点 j 的无线链路，其中 $i,j \in V$，$i \neq j$。

定义 4-2 符号 $N(i) = \{j| l_{ij} \in E, j \in N^i \neq j\}$ 表示与节点 i 存在链路的相邻节点集合，$|N(i)|$ 表示节点 i 的邻居节点数目。

为了完成网络编码及路由功能，LCMR 中节点需要维护以下 4 种数据结构。

（1）邻居表（Neighbor Table）

无线多跳网络中的无线链路具有内在的广播和丢失的特性。文献[13]指出，无线多跳网中 50% 链路的丢包率超过 30%。如果路由经过这些高丢包率链路，势必影响路由性能。为此 LCMR 路由中，每个节点维护一个邻居表，包括每个邻居的 ID、与该邻居双向链路的投递率、邻居状态。LCMR 设置了一个无线链路投递率阈值 $L=0.6$，双向链路投递率大于 L 的邻居状态设为 *Positive*，否则为 *Negative*。LCMR 只使用状态为 *Positive* 的邻居节点。

LCMR 中链路之间链路投递率的计算方法：每个节点周期性发送 Hello 报文（周期为 τ），并设置一个计算周期 T。当一个计算周期结束，计算该周期内从邻居节点接收到的 Hello 报文数，然后计算该对应链路的投递率。用符号 $p_{s,d}(m)$ 表示第 m 个计算周期节点 s 到节点 d 的投递率，其值可由 $p_{s,d}^T(m) = \dfrac{Num_{s,d}^r(m)}{Num_{s,d}^t(m)} = \dfrac{Num_{s,d}^r(m)}{T/\tau}$ 计算得到，其中 $Num_{s,d}^r(m)$ 表示第 m 个计算周期内，节

点 d 收到的 s 发来的 Hello 报文数，$Num_{s,d}^{t}(m)$ 表示第 m 个计算周期内，节点 s 向 d 发送的 Hello 报文总数。为了节省带宽资源，节点在发送 Hello 报文时，捎带发送本节点最新信息。

（2）数据流表（Flow Table）

依据网络编码条件，节点需要判断各条数据流的路径信息，以及路径上各节点的邻居信息。其中 codeSet 指明各数据流属于哪个编码集合，便于节点实施网络编码时选择数据。

（3）路由表（Route Table）

路由表保存由当前节点到各目的节点的多径路由信息，包括路径的节点序列、路径代价和路径选择概率。

（4）数据包缓冲区（Packet Buffer）

在网络中实施网络编码的基本要求是目的节点能够正确解码数据包。为此 COPE 路由提出机会监听，每个节点监听无线信道，将自己发送及监听到的数据包缓存下来，以备解码数据包需要。LCMR 中每个节点配置一个数据包缓冲区。该数据包缓冲区其组织结构为循环队列。该队列用于缓存监听及发送的数据包，当队列满时，总用最新的数据包替换最旧的数据包。

LCMR 中节点的结构如图 4-2 所示。其中的 Coder 和 Decoder 分别为网络编码的编码器和解码器，负责实施编解码操作。Coding Opportunity Judger 是编码机会判断器，用于判断当前数据包的编码机会。

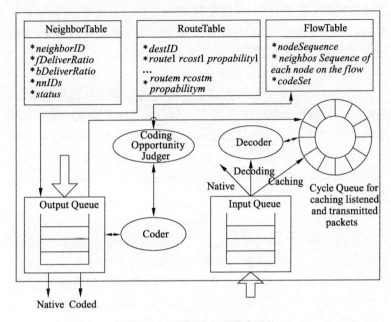

图 4-2 LCMR 路由中节点结构

4.3.2 负载均衡网络编码感知路由度量 LCRM

4.3.2.1 LCRM 考虑因素

编码感知机制容易导致路由在存在编码机会的区域聚集,引起整个网络中的流量分配不均。为此,LCMR 路由提出了一种新型路由度量 LCRM(Load balanced Coding aware Routing Metric)。LCRM 需要反映节点和邻居节点的负载情况,以及网络编码技术对路由的增益。基于以上分析,LCRM 需要考虑以下三方面的因素:

(1)网络编码增益:所谓网络编码增益,反映网络编码对路由的贡献。

(2)节点负载:针对现有编码感知路由容易引起负载不均衡的问题,LCRM 需要考虑节点负载,避免网络拥塞。

(3)邻域干扰:由于无线信道开放的特点,邻居节点的发送和传输会引起节点竞争信道访问权,产生干扰,而影响路由性能。

4.3.2.2 编码指示参数

依据网络编码的基本原理,使用网络编码技术后,能够节省网络中的数据传输次数,提高带宽资源利用率。

仍以基本的链形拓扑为例(图4-3),节点1要通过节点C向节点2发送数据包P_1,而节点2要通过节点C向节点1发送数据包P_2。如果采用传统的存储转发方式,完成数据交换需要4次数据传输,其过程如图4-3a所示。而如果采用网络编码后,节点将收到的数据包P_1和P_2进行编码($P_1 \oplus P_2$),将编码数据包发送出去,即可完成数据交换,而传输次数仅需3次,其过程如图4-3b所示。

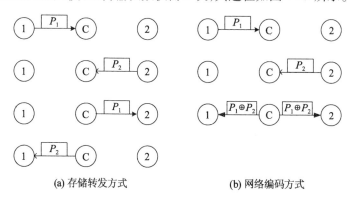

(a) 存储转发方式　　　　　　(b) 网络编码方式

图4-3　链形拓扑中存储转发与网络编码过程原理

使用网络编码后,编码数据包($P_1 \oplus P_2$)的发送可以看成是将数据包P_2搭载在数据包P_1上捎带发送出去,类似于"搭便车"(Free Ride)现象。因此从数据传输的角度出发,可以将编码节点C对数据包P_2的发送操作忽略(P_2搭载P_1数据包的发送而发送),从而数据包P_2的发送次数减少。

网络编码所带来的数据传输次数的减少,就是网络编码对路由的增益。为了衡量网络编码带来的增益,LCRM引入了编码指示参数(Network Coding Indicator,NCI),用于标识路由上的某个节点是否存在编码机会。编码指示符用符号C_i表示,其定义如式(4-1)所示。

$$C_i = \begin{cases} 0, & \text{在节点 } i \text{ 存在编码机会} \\ 1, & \text{在节点 } i \text{ 不存在编码机会} \end{cases} \quad (4\text{-}1)$$

4.3.2.3　干扰指数

无线多跳网络中的无线链路具有开放的特性,节点间通过竞争获取信道的使用权限。图4-4显示了无线多跳网络中干扰的情景。在图4-4中,节点 A 向节点 B 发送数据包。节点 A 和节点 B 的传输范围,如图4-4中虚线圆形所示。在节点 A 和节点 B 传输范围内的节点,将干扰节点 A 和节点 B 之间的通信。实际上,干扰影响的程度不依赖于干扰节点的数目,而依赖于干扰节点数据流量和的大小。

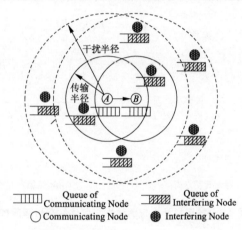

图4-4　无线多跳网络中的干扰情景

无线网络中节点的传输半径是指以发送节点为中心半径为传输半径的圆形区域内,接收节点可以正确接收到发送节点发出的数据。而节点干扰半径是指在以发送节点为中心,以干扰半径为半径的圆形区域内,接收节点能够感知到发送节点的信号,并对其发送和接收产生干扰。

定义4-3　有节点 i,处于 i 干扰范围以内的节点,称为节点 i 的干扰节点。干扰节点 j 队列中的排队数据,称为对于节点 i,干扰节点 j 的干扰负载。节点 i 的干扰负载,为其所有干扰节点的干扰负载之和。

为此,LCRM 引入了干扰指数(Interference Index,II)的概念。干扰指数用符号 I_i 表示,表征一个节点当前干扰节点的干扰流量的大小,其定义如式(4-2)所示。

$$I_i = \exp(iload_i - N_j) = \exp(\sum_{j=1}^{N_i} cqueue_j - N_j) \qquad (4-2)$$

式中,$iload_i$ 为节点 i 的干扰负载,N_i 为节点 i 的干扰节点数目,$cqueue_j$ 为干扰节点 j 的队列占用比。$cquue_j$ 为队列占用长度与总长度的百分比。

由干扰指数的定义,可以看出:① 干扰指数与节点的干扰负载有关,而与干扰节点的数目无关;② 干扰节点的负载越大,节点的干扰指数越大,干扰指数与干扰负载呈正比关系。指数中出现的 N_j 为修正因子,保证干扰指数取值范围在 $[\exp(-N_j),1]$ 内。无线信道环境下,干扰影响节点对信道的占用,从而影响数据传输性能。数据传输和路由算法,应该尽量避免选择干扰较大的节点,作为中继节点。

4.3.2.4　负载指数

根据 3.1 节的分析,现有的网络编码感知路由,在感知网络编码机会的同时,容易引导路由向网络中存在编码机会的区域聚集,从而导致网络数据流的聚集,网络出现热点区域。为了考虑负载均衡的问题,LCRM 显式地考虑节点负载情况,引入了负载指数(Load Index,LI)的定义。负载指数用符号 L_i 表示,表征节点当前负载的程度,其定义如式(4-3)所示。

$$L_i = \exp(cqueue_i - 1) \qquad (4-3)$$

式中,$cqueue_i$ 为节点 i 的队列占用比,为队列占用长度与队列总长度的百分比。

由负载指数的定义,可以发现:节点负载与负载指数呈正比关系。节点队列占用比越大,其负载指数越大。式中的 1 为修正常数,目的是使得负载指数的取值范围在 $[\exp(-1),1]$ 内。在路由发现的过程中,路由算法应尽量避免选择负载较重的节点,即负载指数较大的节点,以均衡网络负载。

4.3.2.5 队列占用长度计算

干扰指数和负载指数的计算中,都使用到了节点的队列占用比。在计算队列占用比时,需要计算节点队列的占用长度。在网络编码的条件下,由于"搭便车"现象的存在,节点队列占用长度,不能使用存储转发条件下的队列占用长度计算方法。

以图4-5所示的一个节点的队列为例,其队列中长度为12,其中2个单元为空。队列中各占用单元的阴影图案标识该数据包所属的数据流。如按照传统队列占用长度计算方法,其队列占用长度为10个单元,队列占用比为83%。但是在LCMR路由中,经分析数据流$flow_1$、$flow_2$、$flow_3$的数据包可进行网络编码,$flow_4$、$flow_5$也可进行网络编码。网络编码之后,节点仅需发送4个编码数据包。随着编码包的发送,节点的队列长度迅速见效,其队列实际占用长度仅为4个单元,据此计算其队列占用比为33%,与传统计算方法相差50%。因此,在LCMR路由中要依据数据流的编码情况,计算队列的实际占用长度。

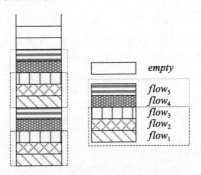

图4-5 LCMR中队列长度示例

算法4-1给出了网络编码条件下节点队列长度计算算法 QLC – UC(Queue Length Calculation Under Network Coding)。

算法4-1:网络编码条件下节点队列长度计算算法 QLC – UC

输入:node v, set of flows that traverse through v $Flow = \{flow_1, flow_2, \cdots flow_N\}$, the length occupied by flows in $Flow$ is: $qlen_1, qlen_2, qlen_3, \cdots qlen_N$

输出：$QLen$

$QLen = 0$；

$CodeSet = \{flow_1\}$；

$Flow = Flow - CodeSet$；

$While(Flow! = \emptyset)\{$

    For each $flow_i$ in $Flow$ do

        If $flow_i$ could be coded with any flow in $CodeSet$

            $\{CodeSet = CodeSet \cup \{flow_i\}$；$Flow = Flow - \{flow_i\}$；$\}$

    End For

    $QLen = QLen + \text{MAX}\{$the length occupied by flows in $CodeSet\}$；$\}$

End While

Return $QLen$；

4.3.2.6 LCRM 定义

对一条由节点 i 到节点 j 的链路 l_{ij}，该链路的 $LCRM$ 值定义如式（4-4）所示。

$$LCRM(l_{ij}) = ETX_{l_{ij}} \times C_i \times I_i \times L_i \qquad (4\text{-}4)$$

式中，C_i 为节点 i 的编码标识符，I_i 为节点 i 的干扰指数，L_i 为节点 i 的负载指数，ETX[13] 表示节点 i 到下跳节点的链路成功发送一个数据包所期望的发送次数。

当节点 i 存在编码机会时，编码标识符 $C_i = 0$，此时 $LCRM(l_{ij}) = 0$，表示从当前节点到下跳节点的传输，利用了网络编码的"搭便车"效应，该跳数据传输可忽略。从式（4-4）也可看出，当节点 i 的干扰和负载较轻时，对应的干扰指数 I_i 和负载指数 L_i 也较小，则 $LCRM(l_{ij})$ 也较小。说明一条链路的 $LCRM$ 值越小，则该条链路质量越高。

对一条包含 n 条链路、由节点 S 到节点 D 的路径 $Path_{SD}$，其 $LCRM$ 的定义如式（4-5）所示：

$$LCRM(Path_{SD}) = \sum_{i=1}^{n} LCRM(l_{ij}) = \sum_{i=1}^{n} ETX_i \times C_i \times I_i \times L_i$$

$$(4\text{-}5)$$

由式(4-5)定义可以看出,一条路径的 LCRM 值有路径上各链路的 LCRM 值的总和得到。同理,在存在多条路径的情况下,LCRM 值小的路径,其路径质量更高。

定理 4-1　由于 LCMR 路由使用了 LCRM 作为路由度量,LCMR 在路由选择时倾向于选择存在编码机会,且干扰和负载较轻的节点组成路由。

证明:

当路径中的某个节点存在编码机会时,根据式(4-4)定义,该节点到下一跳节点链路的 LCRM 值为 0,则减少了 1 条链路的 LCRM 值的计算。在相同的链路长度、链路质量、节点干扰和节点负载的条件下,存在编码机会的路径,其 LCRM 值要低于不存在编码机会路径的 LCRM 值。

当节点干扰和负载较轻时,根据式(4-2)和式(4-3)的定义,节点的干扰指数和负载指数较少,而根据式(4-4)定义,则该链路的 LCRM 值也较小。在相同的链路长度和链路质量的条件下,如一条链路上节点的干扰和负载较轻,则该条路径的 LCRM 值要低于其他路径的 LCRM 值。

依据路径 LCRM 值的定义,LCRM 值越低的路径,其路径质量越高。因此,LCMR 路由倾向于选择 LCRM 值小的路径,而 LCRM 值小的路径,通常是路径上存在编码机会,且干扰和负载较轻的节点组成的路由。

4.3.3　改进网络编码条件

编码感知路由的性能依赖于其发现网络编码机会的能力,而编码机会的发现取决于网络编码条件的定义。COPE[2] 路由首次提出了网络编码条件的概念,其给出了基本网络编码条件如引理 4-1。

引理 4-1　网络编码可以在网络中某个节点实施的充分必要条件是保证目的节点能够正确解码得到原始数据包。

引理 4-1 较为直观且易于理解,被称为网络编码基本充要条件,但不便于路由协议使用。COPE 路由定义了 COPE 路由使用的网络编码实用充要条件,如引理4-2。

引理4-2　COPE 路由中网络编码实施的充分必要条件是保证编码数据包的下一跳节点能够正确解码数据包。

引理4-2 给出的 COPE 路由中的网络编码条件,将编码机会的发现限制在 2 跳范围以内(机会监听和解码操作均在编码节点的 1 跳范围以内),便于路由协议的实现,但是这也限制了编码机会的发现的范围,忽略了一些潜在的编码机会。

DCAR[3] 路由针对 COPE 网络编码条件的局限,提出了改进的网络编码条件。在给出 DCAR 路由的网络编码条件之前,首先给出相关定义。

定义4-4　对从源节点 S 到目的节点 D 的数据流 f: $S{\rightarrow}N_1{\rightarrow}N_2{\cdots}{\rightarrow}N_n{\rightarrow}v{\rightarrow}N_{n+1}{\rightarrow}N_{n+2}{\cdots}{\rightarrow}N_{n+m}{\rightarrow}D$,符号 $U(v,f)$ 表示数据流 f 中,节点 v 的上游节点,有 $U(v,f)=\{S, N_1{\cdots}N_n\}$,符号 $D(v,f)$ 表示数据流 f 中,节点 v 的下游节点,有 $D(v,f)=\{N_{n+1}, {\cdots}N_{n+m}, D\}$。

引理4-3　在 $DCAR$ 路由中,两条未编码数据流 f_1 和 f_2 在节点 v 交叉,f_1 和 f_2 可以在节点 v 进行网络编码的充分必要条件如下:

(1) 存在节点 $d_1 \in D(v,f_1)$,且有 $d_1 \in N(u_2)$,其中 $u_2 \in U(v, f_2)$;或者 $d_1 \in U(v,f_2)$。

(2) 存在节点 $d_2 \in D(v,f_2)$,且有 $d_2 \in N(u_1)$,其中 $u_1 \in U(v, f_1)$;或者 $d_2 \in U(v,f_1)$。

其中节点 d_1 和 d_2 分别被称为解码节点。这里两条数据流反向重叠,也被视为一种交叉的情况。

DCAR 路由扩展了 COPE 路由网络编码条件的范围,进一步挖掘了网络中的编码机会。但 DCAR 路由仅考虑 2 条未编码数据流的情况,而没有考虑数据流已经存在编码数据包情况下的网络编码条件问题。

如果交叉的数据流 f_1 或 f_2,在节点 v 之前,已经发生网络编码,这时 DCAR 提出的网络编码条件,会出现失效的情况。以图4-6 所示的拓扑情况为例,网络中存在 4 条数据流,依据 DCAR 的编码条件,$flow_1$ 与 $flow_2$ 可在节点 4 编码,$flow_3$ 和 $flow_4$ 可在节点 16 编码,而 $flow_1$ 和 $flow_4$ 可在节点 5 处编码。

在节点 5 处,来自 $flow_1$ 和 $flow_4$ 的数据包均为编码包,分别为 $P_1 \oplus P_2$,$P_3 \oplus P_4$,编码后 $P_1 \oplus P_2 \oplus P_3 \oplus P_4$。节点 6 可以从 16 监听到 $P_3 \oplus P_4$,从而解码得到 $P_1 \oplus P_2$。但节点 20 收到 $P_1 \oplus P_2 \oplus P_3 \oplus P_4$,以及从 3 处监听到的 P_1,从 21 监听到的 P_3,无法解码得到 P_4。

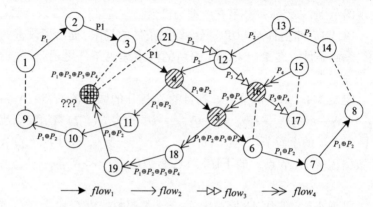

图4-6 交叉节点前已编码条件下的网络编码条件例子

节点 20 无法正确解码的原因是,编码数据包中参与编码的是 $P_1 \oplus P_2$ 和 $P_3 \oplus P_4$,而从节点 3 处监听到的数据包是未编码数据包 P_1。

Guo[14,15] 等分析了 DCAR 路由的网络编码条件的不足,给出了一条数据流上存在多个编码节点情况下的网络编码条件。Guo 等认为解决上述问题有两种方法:① 在 $U(5,flow_4)$ 中,存在某个节点将 $P_3 \oplus P_4$ 解码得到 P_4,且在 $U(5,flow_1)$ 中,存在某个节点将 $P_1 \oplus P_2$ 解码得到 P_1;② $flow_1$ 和 $flow_4$ 在节点 5 处满足 DCAR 给出的网络编码条件。通过分析,可以发现如果①满足,则 $flow_1$ 和 $flow_4$ 满足 DCAR 网络编码条件,可以在节点 5 处编码。而如②满足,$flow_1$ 和 $flow_4$ 依然无法在节点 5 处进行编码。因此,Guo 等提出的网络编码条件存在失效情况。

而图4-6 中,如 $flow_4$ 可以在节点 18 处,监听到节点 4 的编码

包 $P_1 \oplus P_2$，则节点 20 可正确解码。由此可见，在数据流为编码数据流情况下，进一步确定监听的范围可以解决 Guo 等提出的编码条件的失效问题。为此，首先给出相关定义。

定义 4-5　对从源节点 S 到目的节点 D 的数据流 f：$S \to N_1 \cdots N_i \to N_{i+1} \cdots \to N_n \to v \to N_{n+1} \to N_{n+2} \cdots \to N_{n+m} \to D$，其在节点 N_i 发生网络编码，且该编码数据包在节点 v 未被解码，则称节点 N_i 是 $U(v,f)$ 中的编码节点。

定义 4-6　对从源节点 S 到目的节点 D 的数据流 f：$S \to N_1 \cdots N_i \to N_{i+1} \cdots \to N_n \to v \to N_{n+1} \to N_{n+2} \cdots \to N_{n+m} \to D$，其在节点 N_i 发生网络编码，符号 $UC(N_i,v,f)$ 表示数据流 f 中，对编码节点 N_i，节点 v 的上游编码后节点，有 $UC(N_i,v,f) = \{N_i,N_{i+1} \cdots N_n\}$。

定理 4-2　两条数据流 f_1 和 f_2 在节点 v 交叉，f_1 和 f_2 可以在节点 v 进行网络编码的充分必要条件如下：

（1）如果 $U(v,f_1)$ 中不存在编码节点，且 $U(v,f_2)$ 中不存在编码节点，则

存在节点 $d_1 \in D(v,f_1)$，且有 $d_1 \in N(u_2)$，其中 $u_2 \in U(v,f_2)$；或者 $d_1 \in U(v,f_2)$。

存在节点 $d_2 \in D(v,f_2)$，且有 $d_2 \in N(u_1)$，其中 $u_1 \in U(v,f_1)$；或者 $d_2 \in U(v,f_1)$。

（2）如果 $U(v,f_1)$ 中不存在编码节点，且 $U(v,f_2)$ 中存在 m 个编码节点，则

存在节点 $d_2 \in D(v,f_2)$，且有 $d_2 \in N(u_1)$，其中 $u_1 \in U(v,f_1)$；或者 $d_2 \in U(v,f_1)$。

对 $U(v,f_2)$ 的 m 个编码节点中的任一节点 c_i，存在节点 $d_{1i} \in D(v,f_1)$，且有 $d_{1i} \in N(u_{2i})$，其中 $u_{2i} \in UC(c_i,v,f_2)$；或者 $d_{1i} \in UC(c_i,v,f_2)$。

（3）如果 $U(v,f_1)$ 中存在 n 个编码节点，且 $U(v,f_2)$ 中不存在编码节点，则

存在节点 $d_1 \in D(v,f_1)$，且有 $d_1 \in N(u_2)$，其中 $u_2 \in U(v,f_2)$；或者 $d_1 \in U(v,f_2)$。

对 $U(v,f_1)$ 的 n 个编码节点中的任一节点 c_j，存在节点 $d_{2j} \in D(v,f_2)$，且有 $d_{2j} \in N(u_{1j})$，其中 $u_{1j} \in UC(c_j,v,f_1)$；或者 $d_{2j} \in UC(c_j,v,f_1)$。

（4）如果 $U(v,f_1)$ 中存在 n 个编码节点，且 $U(v,f_2)$ 中存在 m 个编码节点，则

对 $U(v,f_1)$ 的 n 个编码节点中的任一节点 c_j，存在节点 $d_{2j} \in D(v,f_2)$，且有 $d_{2j} \in N(u_{1j})$，其中 $u_{1j} \in UC(c_j,v,f_1)$；或者 $d_{2j} \in UC(c_j,v,f_1)$。

对 $U(v,f_2)$ 的 m 个编码节点中的任一节点 c_i，存在节点 $d_{1i} \in D(v,f_1)$，且有 $d_{1i} \in N(u_{2i})$，其中 $u_{2i} \in UC(c_i,v,f_2)$；或者 $d_{1i} \in UC(c_i,v,f_2)$。

证明：

（1）充分性证明

① 当假定定理 4-2 中条件（1）满足时，依据引理 4-2，数据流 f_1 和 f_2 可以在节点 v 进行网络编码。

② 当假定定理 4-2 中条件（2）满足时，依据引理 4-2，由于 $U(v,f_1)$ 中不存在编码节点，且节点 d_2 的存在，使得数据流 f_2 能够正确解码得到数据包。$U(v,f_2)$ 中虽然存在 m 个编码节点，但对于每个编码节点，由于节点 d_{1i} 的存在，使得每个编码节点的编码数据包可以在数据流 f_1 目的节点之前得到解码，从而目的节点最终能够正确解码得到原始数据包。因此在定理 4-2 中条件（2）满足时，数据流 f_1 和 f_2 可以在节点 v 进行网络编码。

③ 同②中的原理，当假定定理 4-2 中条件（3）满足时，数据流 f_1 和 f_2 可以在节点 v 进行网络编码。

④ 当假定定理 4-2 中条件（4）满足时，$U(v,f_1)$ 中虽然存在 n 个编码节点，但对于每个编码节点，由于节点 d_{2j} 的存在，使得每个编码节点的编码数据包可以在数据流 f_2 目的节点之前得到解码，从而目的节点最终能够正确解码得到原始数据包。同理，在数据流 f_1 中，每个编码节点的编码数据包可以在数据流 f_1 目的节点之前得到解码，从而目的节点最终能够正确解码得到原始数据包。

因此,数据流 f_1 和 f_2 可以在节点 v 进行网络编码。

（2）必要性证明

假定数据流 f_1 和 f_2 可以在节点 v 进行网络编码,则必须保证数据流 f_1 和 f_2 在各自的目的节点能够正确得到原始数据包。

① 如果 $U(v,f_1)$ 中不存在编码节点,且 $U(v,f_2)$ 中不存在编码节点,依据引理 4-2,则:

存在节点 $d_1 \in D(v,f_1)$,且有 $d_1 \in N(u_2)$,其中 $u_2 \in U(v,f_2)$;或者 $d_1 \in U(v,f_2)$。

存在节点 $d_2 \in D(v,f_2)$,且有 $d_2 \in N(u_1)$,其中 $u_1 \in U(v,f_1)$;或者 $d_2 \in U(v,f_1)$。

② 如果 $U(v,f_1)$ 中不存在编码节点,且 $U(v,f_2)$ 中存在 m 个编码节点,依据引理 4-2,则:

存在节点 $d_2 \in D(v,f_2)$,且有 $d_2 \in N(u_1)$,其中 $u_1 \in U(v,f_1)$;或者 $d_2 \in U(v,f_1)$。

由于 $U(v,f_2)$ 中存在 m 个编码节点,所以在数据流 f_1 的目的节点之前,要能够对这 m 个编码节点的编码包进行监听并正确解码,即对 $U(v,f_2)$ 的 m 个编码节点中的任一节点 c_i,存在节点 $d_{1i} \in D(v,f_1)$,且有 $d_{1i} \in N(u_{2i})$,其中 $u_{2i} \in UC(c_i,v,f_2)$;或者 $d_{1i} \in UC(c_i,v,f_2)$。

③ 如果 $U(v,f_1)$ 中存在 n 个编码节点,且 $U(v,f_2)$ 中不存在编码节点,根据引理 4-2,则:

存在节点 $d_1 \in D(v,f_1)$,且有 $d_1 \in N(u_2)$,其中 $u_2 \in U(v,f_2)$;或者 $d_1 \in U(v,f_2)$。

由于 $U(v,f_1)$ 中存在 n 个编码节点,所以在数据流 f_2 的目的节点之前,要能够对这 n 个编码节点的编码包进行监听并正确解码,即对 $U(v,f_1)$ 的 n 个编码节点中的任一节点 c_j,存在节点 $d_{2j} \in D(v,f_2)$,且有 $d_{2j} \in N(u_{1j})$,其中 $u_{1j} \in UC(c_j,v,f_1)$;或者 $d_{2j} \in UC(c_j,v,f_1)$。

④ 如果 $U(v,f_1)$ 中存在 n 个编码节点,且 $U(v,f_2)$ 中存在 m 个编码节点,则:

由于 $U(v,f_1)$ 中存在 n 个编码节点,所以在数据流 f_2 的目的节点之前,要能够对这 n 个编码节点的编码包进行监听并正确解码,即对 $U(v,f_1)$ 的 n 个编码节点中的任一节点 c_j,存在节点 $d_{2j} \in D(v,f_2)$,且有 $d_{2j} \in N(u_{1j})$,其中 $u_{1j} \in UC(c_j,v,f_1)$;或者 $d_{2j} \in UC(c_j,v,f_1)$。

由于 $U(v,f_2)$ 中存在 m 个编码节点,所以在数据流 f_1 的目的节点之前,要能够对这 m 个编码节点的编码包进行监听并正确解码,即对 $U(v,f_2)$ 的 m 个编码节点中的任一节点 c_i,存在节点 $d_{1i} \in D(v,f_1)$,且有 $d_{1i} \in N(u_{2i})$,其中 $u_{2i} \in UC(c_i,v,f_2)$;或者 $d_{1i} \in UC(c_i,v,f_2)$。

基于(1)(2)关于充分性和必要性的证明,定理(4-2)得证。

定理(4-2)给出两条数据流在交叉节点处的网络编码条件,而多条数据流的情况没有考虑,为此给出定理4-3。

定理4-3 n 条($n \geqslant 2$)数据流 f_1, f_2, $\cdots$, f_n 在节点 v 交叉,f_1, f_2, $\cdots$, f_n 可以在节点 v 进行网络编码的充分必要条件如下:n 条数据流中,任意两条数据流 f_i 和 f_j 可以在节点 v 进行网络编码,即 f_i 和 f_j 满足定理4-2 的条件。

证明:

(1)充分性证明

假定 n 条数据流中,任意两条数据流 f_i 和 f_j($i \neq j$)在节点 v 进行网络编码,则数据流 f_i 和 f_j 都可在其目的节点对 f_i 和 f_j 的编码数据包正确解码得到原始包。由于 f_j 都是随机选取的,则数据流 f_i 可以在目的节点,对 f_1, f_2, $\cdots$, f_n 的编码包正确解码。又由于 f_i 是随机选取的,则任意一条数据流都可以对 n 条数据流的编码包进行正确解码。因此,根据网络编码基本充要条件,n 条数据流可以在节点 v 处进行网络编码。

(2)必要性证明

假定 f_1, f_2, $\cdots$, f_n 可以在节点 v 进行网络编码,则对其中任意一条数据流 f_i,其目的节点能够正确解码得到原始数据包。这样对任意两条数据流 f_i 和 f_j,数据流 f_i 可在目的节点对 f_i 和 f_j 的编码数据包正确解码得到原始包,数据流 f_j 可在目的节点对 f_i 和 f_j 的编码数据包正确解码得到原始包,则数据流 f_i 和 f_j 可在节点 v 处进行网络编码。从而, n 条数据流 $f_1, f_2, \cdots, f_n$ 中, 任意两条数据流 f_i 和 f_j 在节点 v 进行网络编码。

基于 (1) (2) 的证明, 定理 (4-3) 得证。

4.3.4 LCMR 路由描述

LCMR 路由的主要目标是在保证路由利用网络编码能力的同时, 尽量均衡网络的负载分布。本节介绍 LCMR 路由的详细运行原理。由于在网络编码机会发现过程中, LCMR 路由需要了解各条数据流的路径情况, 因此 LCMR 路由基于 DSR 路由, 分为路由发现和路由维护两个过程。其中 RREQ 和 RREP 报文依据 LCMR 路由的需要进行了相应修改, 其结构分别如图 4-7 和图 4-8 所示。LCMR 路由的 RREQ 报文的路径信息中, 针对每跳节点, 增加了 Neighbors 字段, 指明该节点的所有邻居节点。而邻居节点由于在相互通信范围内, 可以实施机会监听。

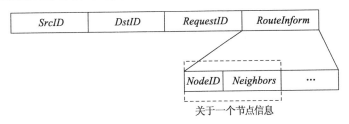

图 4-7 LCMR 路由中 RREQ 报文结构

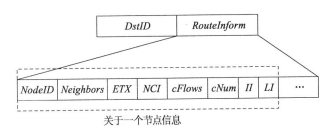

图 4-8 LCMR 路由中 RREP 报文结构

4.3.4.1 路由请求

当一个节点 S 有到目的节点 D 的数据包需要发送, 但当前节点 S 的路由表中没有到节点 D 的路由信息, 则节点 S 发起路由请求进程。路由请求进程的详细流程如下：

Step1.

节点 S 生成 RREQ 报文，并将其广播给邻居节点。转 Step2。

Step2.

Step2. 1 中间节点在收到 RREQ 报文后，将检查 RREQ 报文中的下列项目：

（1）RREQ 报文的上一跳节点是否不是当前是节点 $Positive$ 状态的邻居节点；

（2）RREQ 所经历的跳数是否超过预先定义的阈值 TTL；

（3）当前节点是否已经出现在 RREQ 保存的路径信息中。

如果以上三条中的任意一项满足，则中间节点丢弃该 RREQ 报文，否则转到 Step2. 2。

Step2. 2 中间节点检查自己是否是目的节点。如果是，该目的节点将在收到一定数量的来自节点 S 的 RREQ 报文后，启动路由应答进程；否则转到 Step2. 3。

Step 2. 3 在 RREQ 的路径信息字段，添加当前中间节点的 ID，以及当前节点的邻居节点列表，添加进该节点的 $Neighbors$ 字段。将 RREQ 报文广播出去，转到 Step2. 1。

4.3.4.2 路由应答

LCMR 路由的 RREP 报文结构如图 4-8 所示。在路径信息域关于每个节点的信息中，NCI 为编码指示参数，$cFlows$ 标识在该节点参与编码的数据流，$cNum$ 为在该节点参与编码的数据流数目，II 和 LI 分别表示每个节点的干扰指数和负载指数。

目的节点在收到 K_q 个 RREQ 报文，或在 RREQ 在源节点生成后已等待时间 W 且收到 $N_q(1 \leqslant N_q \leqslant K_q)$ 个 RREQ 报文，则目的节点 D 发起路由应答进程。

Step 1.

节点 D 针对每个 RREQ 报文，创建对应的 RREP 报文。目的节点依据每个 RREP 报文中的路径信息，沿着反向路径单播发送给对应的邻居节点。

Step 2.

节点收到 RREP 报文后,如该节点是源节点,则转到 Step3。否则,检查该节点 *flowTable* 中是否为空,如不为空,启动编码感知进程。算法 4-2 给出了 LCMR 路由中编码机会感知算法。完成编码感知进程后,依据编码感知结果更新 *NCI*、*cFlows* 和 *cNum* 域。与节点交互,计算获取当前节点的干扰指数和负载指数,并更新 RREP 报文中对应于当前节点的 *II* 和 *LI* 域。节点依据 RREP 中的路径信息,将其发给下一个节点,重复 Step2。

算法 4-2:LCMR 中网络编码感知算法

输入:节点 v,RREP 报文中路径 r,节点 v 的 $FlowTable_v$,包括 m 条经过节点 v 的数据流信息:f_1,f_2,f_3,$\cdots f_n$

输出:*Result*,包括可以与 RREP 中的路由在节点 v 进行编码的数据流集合

$Result \leftarrow \varnothing$;

$Num = 0$;

$CodeSet \leftarrow \{r\}$

For each flow f_i in $FlowTable_v$, $i = 1$ to n do

    If f_i 与 $CodeSet$ 中的任意一个数据流 f_j 满足定理 4-2 then

        $CodeSet = CodeSet \cup \{f_j\}$;

End For

$Num = |CodeSet|$;

If $Num \neq 1$ then

$Result = <CodeSet, Num>$;

return $Result$

Step 3.

源节点 S 在收到 M 个 RREP 报文或等待时间 T_w 后,计算收到的每个 RREP 报文中的路径的 LCRM 值,并选择具有最小 LCRM 值的 m 条路径。依据 RREP 报文中携带的路径信息,源节点在其路由表中建立 m 条到节点 D 的路由,并更新路由表。假定 S 得到 m 条到节点 D 的路由,这 m 条路由的 LCRM 值分别为 r_1,r_2,r_3,$\cdots$ r_i,$\cdots$,r_m。数据包沿着第 i 条路由发送的概率为

$$f_{S,D}^i = \frac{1/r_i}{\sum_{i=1}^{m} 1/r_i} \qquad (4\text{-}6)$$

依据式(4-6),在 LCMR 路由中,同一源宿之间的网络流量,将依据多径路由的质量,分配到各条路由上,从而均衡网络负载。

4.3.4.3 复杂度分析

LCMR 路由的复杂度主要包括存储复杂度、计算复杂度和控制开销。

LCMR 路由是一种分布式路由协议,其开销主要来自用于计算链路投递率的周期性发送的 Hello 报文。事实上,大多数的无线路由协议都需要发送 Hello 报文以维护邻居节点的关系。LCMR 的控制开销的细节在仿真部分讨论分析。

定理4-4 LCMR 路由算法的存储复杂度是 $O(F)$。

证明:如 3.4 节所述,使用 LCMR 路由的每个节点拥有一个邻居表(Neighbor Table)、数据包缓冲区(Packet Buffer)、数据流表(Flow Table)和路由表(Route Table)。Packet Buffer 的总长度及 Route Table 的每个记录(entry)的长度是固定的。因此 Packet Buffer 及 Route Table 的每个记录的存储复杂度为 $O(1)$。对网络中每个节点,排除自身的节点总数是 $|V|-1$,也是固定的,则 Route Table 的存储复杂度为 $O(1)$。

类似地,Neighbor Table 和 Flow Table 每个记录的长度是固定的,每个记录的存储复杂度为 $O(1)$。假定网络中所有节点最大的邻居节点数目为 N,每个节点所经过的最多的数据流数目为 F。显然有 $N \leq |V|-1$,而 F 的范围没有限制。因此 Neighbor Table 的存储复杂度为 $O(1)$,而 Flow Table 的存储复杂度为 $O(F)$。因此,总体计算得出 LCMR 路由的存储复杂度为 $O(F)$。

定理4-5 LCMR 路由算法的计算复杂度为 $O(|V|-1)$。

证明:在 LCMR 路由中,计算开销主要是多径路由的 LCRM 值的计算。由于一条路由的 LCRM 值的计算只涉及简单的数学运算,则一条路由的 LCRM 值的计算复杂度为 $O(1)$。

假定由某个目的节点返回的 RREP 报文的数目最大为 M,显然

有 M 远小于($|V|-1$)。那么从所有其他目的节点(排除自身)返回的 RREP 报文数目的最大值,也即路由 LCRM 值计算次数的最大值为 $M \times (|V|-1)$。因此路由 LCRM 值计算的复杂度为 $O(|V|-1)$,而 LCMR 路由的总共的计算复杂度为 $O(|V|-1)$。

4.4　仿真与性能分析

为了评价 LCMR 路由算法的性能,本节通过使用仿真工具 NS2 对 LCMR 路由算法进行仿真。为了便于路由性能的分析和比较,使用了以下 3 种路由作为对比。

(1) COPE

COPE 路由是第一个将网络编码与无线多跳路由结合的路由技术,但是只能被动发现路由中的编码机会,而不能主动引导路由以增加编码机会。

(2) DCAR

DCAR 路由是一种分布式编码感知路由,能够引导网络中的路由,增加网络中的编码机会,但是没有考虑编码机会增加所带来的数据流聚集的问题。

(3) LCMRs

LCMRs 是 LCMR 路由的一个修改版本。与 LCMR 路由相比,LCMRs 的路由代价中,没有使用干扰指数和负载指数。LCMRs 路由作为比较对象,考察干扰指数和负载指数对路由的影响。

4.4.1　仿真参数设置

40 个节点随机分布在 1 500 m × 1 500 m 的正方形区域内,构成仿真网络拓扑。LCMR 路由算法使用 802.11 b MAC 协议,每个节点信道带宽为 11 Mbps。所有数据流拥有相同的特性,即数据速率和数据包大小。网络中的负载以 CBR 形式生成,并逐渐增加负载速率。为了减小仿真误差,每个参数场景运行 10 次,并把 10 次仿真结果的平均值作为最终结果。其他仿真参数如表 4-1 所示。

表 4-1　LCMR 路由仿真参数

仿真参数	取值
数据包大小	512 Bytes
传输范围	250 m
干扰范围	550 m
工作模式	混杂模式
广播模式	Pseudo-broadcast
仿真时间	1 000 s
队列长度	100 个数据包

为了分析 LCMR 路由的负载均衡能力，使用流量分布指数，其定义如式(4-7)。

$$f = \left(\sum_{i=1}^{n} x_i \right)^2 \Big/ n \sum_{i=1}^{n} x_i^2 \qquad (4\text{-}7)$$

式中，n 是网络中的链路数目，x_i 表示流经网络中第 i 条链路的数据包数据。流量分布指数的取值范围为 $[0,1]$，表征网络中流量的均衡情况。

4.4.2　仿真结果分析

图 4-9 比较了 4 种路由算法在不同负载情况下的路由开销变化情况。路由开销以数据包数量作为计算单位。正如前面所介绍的那样，LCMR 路由算法的开销，主要包括 RREQ/RREP 报文和周期性发送的 Hello 报文。COPE 路由和 DCAR 路由同样需要使用这些报文，以保证协议的正常运行。因此，如图 4-9 所示，这 4 种路由算法的开销非常接近。但在较重负载的情况下，LCMR 路由的开销稍微低于其他 3 种路由。这是由于其他 3 种路由在较高的负载情况下，容易引起数据流在存在编码机会的区域聚集，导致部分拥塞，从而使得路由协议需要消耗更多的信令数据包。而 LCMR 路由由于综合考虑了编码增益和节点负载等因素，能够更加均衡地分配网络负载，避免拥塞的发生，从而节省了信令数据包的开销。

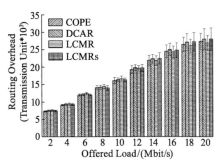

图 4-9 不同负载情况下的路由开销

图 4-10 比较了 4 种路由协议在不同负载情况下的流量分布指数情况。由图 4-10 可以看出，LCMR 路由和 LCMRs 路由的流量分布指数明显优于 COPE 路由和 DCAR 路由，且 LCMR 的流量分布指数最优。这是由于 LCMR 和 LCMRs 使用了多径路由，因此能够更加均衡地分配网络负载。当负载较重时，LCMR 的流量分布指数的优势更为明显。另一个有趣的现象是 LCMR 路由的流量分布指数始终优于未使用干扰指数和负载指数的 LCMRs 路由。原因在于使用了干扰指数和负载指数后，LCMR 路由能够感知网络中的节点负载，以及邻居节点的干扰情况，选择负载相对较轻、干扰较小的链路。尽管 DCAR 路由考虑了一条路由中各个节点的排队数据包总数，但由于使用单径机制，其负载分布指数远低于 LCMR 路由和 LCMRs。图 4-10 的结果说明多径机制和干扰指数和负载指数对 LCMR 的负载均衡能力至关重要。

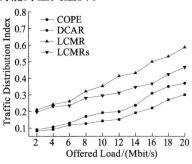

图 4-10 不同负载情况下的流量分布指数

图 4-11 和图 4-12 反映了 LCMR 路由在吞吐量方面的性能。

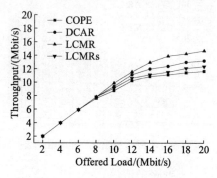

图4-11 不同负载情况下的吞吐量

图 4-11 描述了不同负载情况下,4 种路由的吞吐量情况。从图 4-11 可以看出,当负载在 2 ~ 8 Mbit/s 范围内时,四种路由的吞吐量很接近;当负载超过 9 Mbit/s 以后,四种路由的吞吐量的区别比较明显。从理论上分析,LCMRs 路由由于使用多径路由,其吞吐量本应高于 DCAR 路由。然而,从图 4-11 可以看出,LCMRs 路由的吞吐量实际低于 DCAR 路由。发生这种情况的原因在于,LC-MRs 在路由代价度量中,没有使用负载干扰因子干扰指数和负载指数。没有使用干扰指数和负载指数后,LCMRs 的多径路由加剧了数据流的聚集,进一步加重网络拥塞。

图 4-12 描绘了负载为 20 Mbit/s 的情况下,网络中节点对之间的吞吐量的累积分布函数。所谓累积分布函数(Cumulative Distribution Function, CDF)。CDF 描述一个实随机变量 X 的概率分布,其定义为 $F(x) = P(X \leqslant x)$。从图 4-12 可以看出,LCMR 路由在 80% 的时间里其吞吐量高于 6 Mbit/s,而 COPE 低于 6 Mbit/s。对于 LCMRs,60% 的时间里其吞吐量小于 7 Mbit/s。DCAR 路由和 LCMR 路由的累积分布函数曲线较为接近。然而,LCMR 路由中数据流的吞吐量一般要比 DCAR 的吞吐量要高。这从另一方面验证 LCMR 路由的负载均衡能力,可以带来网络吞吐量的提高。

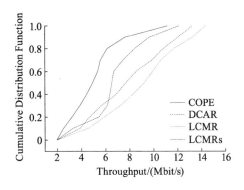

图 4-12　吞吐量累积分布函数

图 4-13 比较了在不同负载的情况下,4 种路由的编码数据包百分比。从图 4-13 可以明显发现,COPE 路由的编码包百分比远远低于其他 3 种路由。这是由于 COPE 只能在已经建立的路由中被动发现编码机会,限制了编码机会的增加。而其他 3 种路由能够主动引导路由以增加编码机会。在负载较轻的情况下,DCAR、LCMR 和 LCMRs 路由的编码包百分比较为接近。DCAR 和 LCMRs 的编码包百分比随着网络负载的增加,增长缓慢。

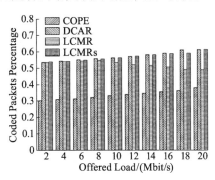

图 4-13　不同负载情况下的编码数据包百分比

当网络负载在2 ~ 8 Mbit/s 之间时,编码包百分比逐渐增加,并在 8 Mbit/s 的负载时达到最大值。当负载高于 8 Mbit/s 以后,编码包百分比反而逐渐减小。LCMR 路由的编码包百分比的这种变化趋势,说明其负载均衡能力是以牺牲部分网络编码机会为代价的。

图 4-14 反映了平均端到端延时随着负载增加的变化情况。在较低的负载情况下,LCMR 路由的平均端到端延时高于其他路由。相反在高负载的情况下,其端到端延时低于其他路由。这是由于 LCMR 将网络流量分不到多条路由上以避免网络拥塞,这些多径路由,与其他 3 种路由探寻到的路径相比,通常需要经历更长的延时。COPE 和 DCAR 使用单径路由。当负载较重时,单径路由容易引起网络拥塞,从而导致较高的延时及频繁的数据包丢弃。此外,LCMR 的评价端到端延时的增长,与其他 3 种路由相比较为平缓。这是由于 LCMR 路由具有负载均衡能力。虽然 LCMRs 也使用了多径路由来投递数据包,但是由于 LCMRs 没有使用干扰指数和负载指数,其探寻得到的路径容易聚集在编码区域。当负载较重时,将进一步加重网络编码区域的拥塞。

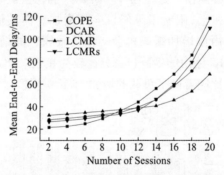

图 4-14　不同负载情况下的平均端到端延时

图 4-15 比较了不同负载情况下 4 种路由的平均数据包丢失率情况。从图 4-15 可以发现,由于 LCMR 能够均衡网络负载和避免拥塞,其数据包丢失率增长平缓。然而,对于 LCMRs,当负载小于 1 Mbit/s,其数据包丢失率接近于 LCMR。在负载高于 1 Mbit/s 以后,LCMRs 的数据包丢失率呈指数形态增长。当负载高于 16 Mbit/s 时,LCMRs 的数据包丢失率甚至高于 DCAR 的数据包丢失率。这是由于 LCMRs 由于没有使用干扰指数和负载指数,容易导致多径路由在编码区域的聚集,加重网络拥塞,从侧面证实了参数干扰指

数和负载指数在路由度量 LCRM 中的重要性。

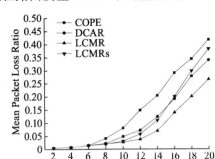

图 4-15　不同负载情况下的平均数据包丢失率

4.5　本章小结

当前无线多跳网络基于网络编码的路由,单纯以增加网络编码机会为目标,容易引起路由向存在编码机会节点聚集而导致负载不均的问题,影响基于网络编码路由的性能。

为此,本章详细分析了使用网络编码条件下,路由度量的设计需求,提出一种综合考虑网络编码机会和节点负载的路由度量 LCRM,并进而提出分布式的负载均衡的网络编码感知多径路由 LCMR。LCMR 一方面能够利用网络编码机会,提升网络吞吐量,节省网络资源;另一方面能够综合考虑节点负载和邻域干扰负载情况,避开繁忙区域,均衡地分配网络流量,实现网络编码机会利用和网络负载均衡之间的折中。仿真结果表明,LCMR 以牺牲部分网络编码机会为代价,能够更加均衡地分配网络负载。无线多跳网络具有面向实用、重视可用性的特点,虽然 LCMR 中部分编码机会减少,但推迟或避免了网络热点的出现,特别是在高负载情况下,提高了网络可用性,因此 LCMR 中部分编码机会的减少是值得的。

参考文献

[1] Fragouli C, Katabi D, Markopoulou A, et al. Wireless network coding: opportunities & challenges[C]. In Proceedings of IEEE 2007 Military Communications Conference, [S. l.]: IEEE, 2007, 8 – 11.

[2] Katti S, Rahul H, Hu W J, et al. XORs in the air: practical wireless network coding[J]. IEEE/ACM Transactions on Networking, 2008, 16(3):497 – 510.

[3] Ji-lin L, Lui C S, Dah-ming C. DCAR: distributed coding-aware routing in wireless networks[J]. IEEE Transactions on Mobile Computing, 2010, 9 (4):596 – 608.

[4] Bin N, Santhapuri N, Zhong Z F, et al. Routing with opportunistically coded exchanges in wireless mesh networks[C]//In Proceedings of 2006 2nd IEEE Workshop on Wireless Mesh Networks(WiMESH 2006), [S. l.]:IEEE, 2006:157 – 159.

[5] Song H, Zhong Z F, Li H X. Coding-aware multi-path routing in multi-hop wireless networks [C] // In Proceedings of 2008 IEEE International Performance Computing and Communications Conference (IPCCC 2008), [S. l.]:IEEE, 2008:93 – 100.

[6] Yan Y, Zhang B X, Mouftah H T, et al. Rate-adaptive coding-aware multiple path routing for wireless mesh networks[C]//In Proceedings of 2008 IEEE Global Telecommunications Conference(GLOBECOM 2008), [S. l.]:IEEE, 2008:543 – 547.

[7] Wu Y N, Das S M, Chandra R. Routing with a markovian metric to promote local mixing[C]. In Proceedings of IEEE INFOCOM 2007 – 26th IEEE International Conference on Computer Communications, [S. l.]:IEEE, 2007:2381 – 2385.

[8] Bicket J, Aguayo D, Biswas S, et al. Architecture and evalua-

tion of an unplanned 802.11b mesh network [C]. In Proceedings of Annual International Conference on Mobile Computing and Networking(ACM MobiCom 2005), [S. l.]: ACM, 2005: 31 -42.

[9] Fan K, Xi W, Long D Y. A load-balanced route selection for network coding in wireless Mesh Networks [C]. In Proceedings of IEEE International Conference on Communications 2009 (ICC '09),[S. l.]: IEEE, 2009:5335 -5340.

[10] Shila D M, Anjali T. Load aware traffic engineering for mesh networks [J]. Computer Communications, 2008, 31 (1): 1460 -1469.

[11] Choi K W, Jeon W S, Dong Geun Jeong. Efficient load-aware routing scheme for wireless mesh networks [J]. IEEE Transactions on Mobile Computing, 2010,9(9): 1293 -1307.

[12] Ancillotti E, Bruno R, Conti M. Load-aware routing in mesh networks: Models, algorithms and experimentation [J]. Computer Communications, 2011,34(8): 948 -961.

[13] Douglas S J De Couto, Aguayo D, Bicket J. A high-throughput path metric for multi-hop wireless routing [J]. Wireless Networks, 2005, 11(4):419 -434.

[14] Guo B, Li H k, Zhou C, et al. General network coding conditions in multi-Hop wireless networks [C] // In Proceedings of IEEE International Conference on Communication (IEEE ICC 2010), [S. l.]: IEEE, 2010:1 -5.

[15] Guo B, Li H K, Zhou Chi, et al. Analysis of general network coding conditions and design of a free-ride-oriented routing metric[J]. IEEE Transactions on Vehicular Technology, 2011,60 (4): 1714 -1727.

第5章 QoS 保证的无线多跳网络的网络编码感知路由

5.1 问题提出

无线多跳网络是面向应用的实用性网络,可以承载多种应用。近年来,随着多媒体业务的发展,一些多媒体业务需要考虑延时、带宽、延时抖动、丢包率等方面的 QoS(Quality of Service)需求,如表 5-1 所示[1]。这对无线多跳网络的设计提出了新的需求。

表 5-1 各种主流网络应用的 QoS 需求

应用	延时/ms	带宽/Kbps	延时抖动/ms
Web browsing	< 400	< 30.5	n/a
Email	Low	< 10	n/a
Telnet	< 250	< 1	n/a
Chat	< 200	< 1	n/a
VoIP	< 100	9 ~ 80	< 400

实现无线多跳网络中各种业务 QoS 需求的一种简单方法就是使用 QoS 路由。但无线多跳网络中无线信道的时变特性,以及节点之间的干扰使得在无线多跳网络中设计 QoS 路由面临较多挑战[2-4]。

无线多跳网络基于网络编码的路由[5-7],由于能够提高网络吞吐量、节省带宽资源成为无线多跳网络路由领域的一个新的研究热点。将网络编码引入 QoS 路由,可以利用网络编码节省网络节点的带宽资源,提高网络的 QoS 请求接纳比例,提升网络的服务能力和传输效率,这也是本章的出发点。

但当前无线多跳网络基于网络编码的路由算法大多以增加编码机会,提高网络吞吐量为目的,没有考虑无线多跳网络在 QoS 方面的需求。一方面,采用网络编码以后,数据包的编解码操作,增加了数据包的传输延时和延时抖动;另一方面,单纯追求网络编码机会的增长,容易引起数据流在存在编码机会的区域聚集,导致网络拥塞。另外,引入网络编码后,编码节点的可用带宽随之改变。因此需要对网络编码条件下的 QoS 路由深入研究。

本章提出 QoS 保证的编码感知路由 QCAR(QoS guaranteed Coding Aware Routing),着力解决网络编码感知条件下的 QoS 路由问题。QCAR 中的 QoS 路由同时考虑延时和带宽要求。在路由发现过程中,QCAR 使用资源预留技术,保证路由满足 QoS,同时利用机会监听,主动感知网络中的编码机会。此外,本章提出综合考虑延时、节点拥塞、编码增益的路由度量 QCRM(QoS Coding-aware Routing Metric)。通过仿真实验发现,QCAR 路由能够在保证路由 QoS 的同时,主动感知网络中编码机会,提高 QoS 请求成功率、平衡网络负载、提高网络吞吐量。

5.2　相关工作与研究动机

目前在无线多跳网络 QoS 路由方面已经取得一定进展。Wang 等证明[8],多约束的 QoS 路由是 NP - 完全(NP-complete)问题。启发式算法可以在多项式时间内计算得到多约束 QoS 路由[9]。文献[10 - 12]提出基于泛洪的 QoS 路由发现方法。泛洪方法实现简单,但需要消耗较大开销。此外,这 4 种路由在路由发现过程中,没有考虑全网的负载分配问题,容易引起网络负载分配不均。

文献[13,14]提出采用智能算法计算 QoS 路由,对节点计算能力具有较高要求。文献[15]针对无线多跳网络中节点可用带宽预测问题,提出了双载波监听和数据包探测两种方法。文献[16]提出使用启发式算法解决最大带宽路由问题。文献[17,18]着重解决 QoS 路由中一条路径的带宽估计问题。文献[19]提出了无线多跳网络的 QoS 路由 QUORUM。QUORUM 路由引入了链路鲁棒性概念,以解决无线传输中的灰色区域问题。

5.3　QCAR 路由设计

5.3.1　问题描述

无线多跳网络可以抽象为一个图 $G = (V, E)$,其中 V 表示网络节点集合,E 表示节点之间的链路集合。由节点 i 到节点 j 的链路用符号 l_{ij} 表示,并用符号 $cost(l_{ij})$ 表示该链路代价,$band(l_{ij})$ 表示该链路带宽。给定源节点、目的节点对 (S, D),符号 $R(S, D)$ 表示源节点 S 目的节点 D 之间的路由集合,r 表示 $R(S, D)$ 的某个元素,即其中某个路由,$E(r)$ 表示该路由 r 的链路集合。考虑当前各种主流业务的 QoS 需求,QCAR 路由考虑延时和带宽约束。

用符号 $I_{ij}(r)$ 定义链路指示参数,表示链路 l_{ij} 是否在路由 r 中,如式(5-1):

$$I_{ij}(r) = \begin{cases} 1, & l_{ij} \text{ in } r \\ 0, & \text{otherwise} \end{cases} \tag{5-1}$$

给定一个从 S 到 D 的 QoS 请求,QCAR 的 QoS 路由问题可表示为一个多约束组合优化问题,如式(5-2):

$$\min_{r \in R(S,D)} cost(S, D, r) = \min_{r \in R(S,D)} \sum_{i=s}^{d} \sum_{\substack{j=s \\ j \neq i}}^{d} I_{ij}(r) \cos t(l_{ij})$$

subject to

(1) $delay(S, D, r) \leqslant Delay$

(2) $band(S, D, r) = \min_{l_{ij} \in r} band(l_{ij}) \geqslant Band$

$$\tag{5-2}$$

式中,$delay(S, D, r)$、$band(S, D, r)$ 分别表示路由 r 的延时,以及路由 r 上的最小带宽。$Delay$、$Band$ 分别表示 QoS 要求的最大延时和最小带宽。

多媒体业务的数据传输在带宽、延时方面都有一定的要求。而网络编码的引入需要节点对数据包进行额外的编解码操作,与普通路由相比,延长了数据包处理时间,导致数据传输的延时增加。另一方面,网络编码的使用使得一部分数据包可以参与编码,类似于"搭便车"现象,而不消耗网络的带宽资源。因此网络编码感知条件下的 QoS 路由,需要从数据包延时和节点带宽两方面入手,进行重新设计。

5.3.2　节点结构

QCAR 路由中的节点结构(图 5-1)与 LCMR 路由中的节点结构类似,QCAR 路由中节点也需要维护 4 种表格。但由于 QCAR 支持提供 QoS,节点结构稍有不同,具体表现在以下几点:

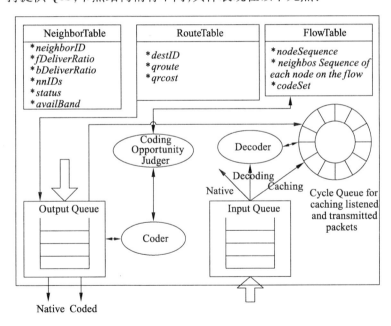

图 5-1　QCAR 算法中节点结构

(1)在路由表中添加了 *availBand* 项,保存各邻居的可用带宽信息。

（2）路由表中采用单径路由结构，包括目的节点和到每个目的节点的 QoS 路由及其代价。

（3）如果 FlowTable 中的某条数据流超过一个时间限制 u 没有发生数据传输，则该数据流从 FlowTable 中清除，并释放为该数据流所预留的带宽。在 QCAR 中 u 的大小设置为与 Delay 相同。

5.3.3　节点可用带宽计算

由于 QCAR 路由的 QoS 需求考虑了带宽和时延约束，因此 QCAR 路由中需要计算节点的可用带宽。在有线网络中可以依据节点带宽分配情况，利用加减运算计算出节点的可用带宽。在无线多跳网络中，由于无线信道的开放性，干扰的存在使得节点可用带宽的计算较为复杂。QCAR 路由计算节点剩余带宽，一方面要保证路由上节点的带宽满足 QoS 带宽约束，另一方面要保证建立 QoS 路由后，网络现有 QoS 数据流的带宽不受影响。

以图 5-2 为例说明无线多跳网络中的干扰情况。

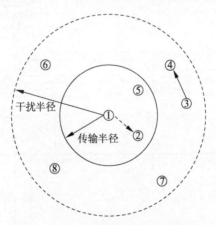

图 5-2　无线多跳网络中干扰示意图

在图 5-2 中，节点 2~8 在节点 1 的干扰范围内，其中节点 2、3 在节点 1 的传输范围内。网络中已存在节点 3 到节点 4 的带宽约束为 2 Mb/s 的 QoS 数据流。节点 1 和节点 3 的原始带宽均是 2 Mb/s，当前可用带宽分别是 2 Mb/s 和 0 Mb/s。此时节点 1 要向节点 2 发送带宽约束为 1 Mbps 的 QoS 数据流。如果单纯考虑节点 1 的本地当前可用带宽，节点 1 应可以接纳该 QoS 数据流。但是如节点 1 允许接入该数据流，将占用更多信道访问时间。由于节点 3 处于节点 1 的干扰范围内，将必然减少信道访问时间，从而引起节点 3 的带宽无法满足原有数据流的 QoS 需求。因此，在无线网络环境下，在考虑节点能否接纳新的 QoS 数据流时，不仅要考虑当前节点的可用带宽，还需要考虑当前节点干扰范围内其他节点的可用带宽。

定义 5-1　对于节点 i，处于其干扰范围内的节点构成该节点的干扰节点集 IS_i（Interference Set, IS）。对于节点 j，$j \in IS_i$，当且仅当 $i \in IS_j$。$|IS_i|$ 表示节点 i 的干扰节点个数。

定义 5-2　本地可用带宽

本地可用带宽是指从被观测节点出发，考察其当前未使用的带宽，其计算方法为节点在一个周期内的空闲时间比例。假定 T_p 表示一个时钟周期的时间，$T(i)_{idle}$ 表示上一个完整周期内节点的空闲时间，节点的容量为 $B_{channel}$。对节点 i，其本地可用带宽为 $B(i)_{local}$，其计算如式（5-3）。

$$B(i)_{local} = \alpha B(i)_{local} + (1 - \alpha) \frac{T(i)_{idle}}{T_p} B_{channel} \qquad (5-3)$$

从式（5-3）可以看出，为了避免节点可用带宽值的剧烈波动，其计算采用了加权方法，其中参数 α 为学习指数。节点空闲时间计算采用了文献［20］中的方法。当信道不处于以下三种状态时，信道为空闲状态：① 节点在发送或接收数据；② 节点收到了来自其他节点的 RTS 或 CTS 报文；③ 节点感知到信道忙，且信号强度高于载波感知阈值，但节点无法从接收信号得到正确数据。

定义 5-3　干扰节点本地带宽

干扰节点本地带宽，是指被观测节点的干扰节点当前未使用带宽。干扰节点可用带宽，为节点实际可用带宽的计算提供依据，避免新加入 QoS 数据流影响干扰区域内干扰节点带宽，从而影响现有 QoS 数据流的服务质量。假定节点 $j \in IS_i$，其本地带宽 $B(j)_{IS}$

计算如式(5-4)。

$$B(j)_{IS} = \alpha B(j)_{IS} + (1 - \alpha)\frac{T(j)_{idle}}{T_p}B_{channel} \qquad (5\text{-}4)$$

定义 5-4　节点物理层可用带宽

节点可用带宽,是将节点 i 的本地可用带宽和其干扰集内所有节点的可用带宽进行归一化调整后,其中的最小值与节点 i 容量的乘积,其计算如式(5-5)。

$$B(i)_{available}^{phy} = \frac{B_{channel}}{B(i)_{local} + \sum\limits_{j \in IS_j} B(j)_{IS}} \min\{B(i)_{local}, B(j)_{IS}\}, \ \forall j \in IS_i$$

$$(5\text{-}5)$$

之所以要进行归一化操作,是由于无线节点的干扰区域内,所有节点共享信道带宽,因此所有节点的物理层可用带宽之和应不大于节点容量 $B_{channel}$,即满足式(5-6)。

$$B(i)_{available}^{phy} + \sum_{j \in IS_j}^{|IS_i|} B(j)_{available}^{phy} \leqslant B_{channel} \qquad (5\text{-}6)$$

定义 5-5　节点应用层可用带宽

式(5-6)计算得到的是节点的物理层可用带宽。在实际数据传输过程中,还需要消耗一定控制报文开销。而且各种业务的 QoS 带宽约束通常是指应用层带宽。图 5-3 给出了 802.11 协议中使用 RTS/CTS 机制成功传输 1 次数据,在发送者和接收者之间的协商流程。

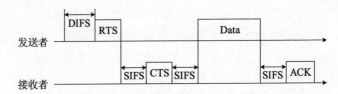

图 5-3　IEEE 802.11 中使用 RTS/CTS 节点协商传输流程

假定成功传输 1 次数据所需要的时间为 T_{data},计算公式如下:

$$T_{data} = T_{difs} + T_{rts} + T_{cts} + \frac{PayLoad + Header}{B_{channel}} + T_{ack} + 3T_{sifs} + T_{backoff}$$

$$(5\text{-}7)$$

式中, T_{difs} 和 T_{sifs} 分别表示帧间间隙; T_{rts}、T_{cts} 和 T_{ack} 分别表示传输 RTS、CTS 和 ACK 报文所需要的时间; $PayLoad$ 表示数据包中的实际载荷大小; $Header$ 表示数据包中各层的包头开销。

式(5-7)与图 5-3 相比,多了一个 $T_{backoff}$,表示节点为了竞争到信道访问权,平均所需的退避时间,可通过计算其期望得到。$E\left[T_{backoff}\right] = \frac{CW_{min}}{2}$, 其中 CW_{min} 为竞争窗口最小值由 802.11 协议指定。

节点的应用层可用带宽的计算公式如下:

$$B(i)_{available}^{app} = B(i)_{available}^{app} \times \frac{PayLoad/B_{channel}}{T_{data}} \qquad (5\text{-}8)$$

5.3.4　QoS 带宽约束的网络编码条件

QCAR 中的网络编码需要考虑 QoS 带宽约束。而网络编码可节省带宽资源,反过来也影响 QoS 带宽约束问题。以图 5-4 中的情况为例,假定节点 1、2、C 的总带宽均为 B。节点 1 有一个 QoS 数据流,通过 C 向目的节点 2 发送 QoS 数据包。节点 1、节点 C 预留带宽 B_1 给该数据流。此时节点 2 到达 1 个 QoS 请求,目的节点是 1,带宽限制为 B_2。

若 $B_2 > B - B_1$,传统的 QoS 路由将因为带宽原因,将拒绝节点 2 的 QoS 请求。但根据 COPE 的基本编码拓扑,如节点 2 的数据流经过 C 到达 1,可与 1 的数据流在 C 编码。而网络编码后两数据流编码传输实际使用的带宽为 $\max(B_1, B_2)$。这时如 $B > \max(B_1, B_2)$,就可在 C 进行网络编码,使得 2 的 QoS 请求得到满足。

从图 5-4 可以发现,在 QoS 带宽约束的情况下,节点 C 在判断编码机会的时候,还需要结合数据流的 QoS 约束进行判断。下面给出 QoS 带宽约束条件下的网络编码条件。

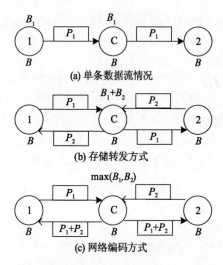

图 5-4　QoS 保证的编码感知路由示例

定理 5-1　两条数据流 f_1 和 f_2 在节点 v 交叉,节点 v 当前的可用带宽为 B_{avail},f_1 和 f_2 的带宽约束分别为 b_1 和 b_2,f_1 和 f_2 可以在节点 v 进行网络编码的充分必要条件如下:

(1) f_1 和 f_2 满足定理 3-2 中两条数据流的网络编码条件;

(2) $\max(b_1, b_2) \leqslant B_{avail}$。

证明:

(1) 充分性证明

当 f_1 和 f_2 满足定理 3-2 中两条数据流的网络编码条件,依据定理 3-2,在不考虑 f_1 和 f_2 的带宽约束条件下,f_1 和 f_2 可以在节点 v 处进行网络编码。如进行网络编码,f_1 和 f_2 编码后在节点 v 占用的带宽资源为 $\max(b_1, b_2)$,当 $\max(b_1, b_2) \leqslant B_{avail}$,带宽约束条件满足,则 f_1 和 f_2 可以在节点 v 处进行网络编码。

(2) 必要性证明

当 f_1 和 f_2 可以在节点 v 处进行网络编码,如不考虑带宽约束,根据定理 3-2,f_1 和 f_2 应当满足定理 3-2 中两条数据流的网络编码条件。f_1 和 f_2 在节点 v 编码后,占用的带宽资源为 $\max(b_1, b_2)$,显然应有 $\max(b_1, b_2) \leqslant B_{avail}$。

综合(1)(2)两方面的证明,定理 5-1 得证。

定理 5-2　n 条($n \geq 2$)数据流 f_1, f_2, $\cdots$, f_n 在节点 v 交叉,节点 v 当前的可用带宽为 B_{avail}, f_1, f_2, $\cdots$, f_n 的带宽约束分别为 b_1, b_2, $\cdots$, b_n, f_1, f_2, $\cdots$, f_n 可以在节点 v 进行网络编码的充分必要条件如下:

(1)n 条数据流中,任意两条数据流 f_i 和 f_j 可以在节点 v 可以进行网络编码,即 f_i 和 f_j 满足定理 3-2 的条件。

(2)$\max(b_1, b_2 \cdots, b_n) \leq B_{avail}$。

证明:

(1)充分性证明

当 n 条数据流中,任意两条数据流 f_i 和 f_j 可以在节点 v 可以进行网络编码,即 f_i 和 f_j 满足定理 3-3 的条件,依据定理 3-3,在不考虑数据流的带宽约束的条件下,这 n 条数据流可在节点 v 进行编码。如 n 条数据流在 v 编码,其占用的带宽为 $\max(b_1, b_2 \cdots, b_n)$,如满足 $\max(b_1, b_2 \cdots, b_n) \leq B_{avail}$,则在带宽约束的条件下,$n$ 条数据流也可在节点 v 进行编码。

(2)必要性证明

当 f_1, f_2, $\cdots$, f_n 可以在节点 v 进行网络编码,如不考虑带宽约束,依据定理 3-3,则任意两条数据流 f_i 和 f_j 可以在节点 v 可以进行网络编码。n 条数据流在 v 编码,其占用的带宽为 $\max(b_1, b_2 \cdots, b_n)$,显然应有 $\max(b_1, b_2 \cdots, b_n) \leq B_{avail}$。

基于(1)(2)证明,定理 5-2 得证。

5.3.5　跨层编码感知度量 QCRM

路由请求过程中,目的节点可能得到多条满足 QoS 要求的路径。同时满足延时最小、带宽充裕、编码机会最多的路由实际很难存在。此时需要选择合适的路由度量,综合考虑链路质量、负载均衡及网络编码给路由性能带来的影响,对得到的路径进行评价。为此本章提出了 QoS 保证编码感知路由度量 QCRM(QoS guaranteed Coding aware Routing Metric)。为此,先给出几个相关定义。

定义 5-6　带宽消耗指数

QoS 路由情况下,带宽紧张的节点,容易受到干扰等因素的影响,影响其实际使用的带宽。因此路由要尽量选择带宽充裕的节点作为路由上的一跳。带宽消耗指数(Bandwidth Consumption Index,BCI)反映了一个节点的带宽消耗情况。假定节点 i 的总带宽为 $B_{channel}$,而被占用带宽为 $B_{consumed}$,则该节点的带宽消耗指数 BCI 为

$$BCI = e^{\frac{B_{channel}}{B_{consumption}} - 1} \tag{5-9}$$

基于以上参数,我们给出一条链路 l_{ij} 的 QCRM 值的定义,如式(5-10)所示。其中 C_i、I_i、L_i 分别为节点 i 的编码指示参数、干扰指数和负载指数,其定义见 3.4 节。一条路径的 QCRM 值,为其各组成链路的 QCRM 值的和。

$$QCRM = ETX_{li}j \times C_i \times BCI_i \times I_i \times L_i \tag{5-10}$$

定理 5-3　QCRM 引导 QCAR 路由偏向于选择存在编码机会、带宽充裕且干扰和负载较轻的路径作为路由。

证明:当节点的负载和干扰较轻时,依据其定义,其负载指数和干扰指数较小。当节点带宽较为充裕时,相应带宽消耗较小,其 BCI 指数对应较小。当节点 i 存在编码机会的情况下,编码指示参数直接决定该链路的 QCRM 值为 0。综上所示,编码机会、带宽充裕且干扰和负载较轻的路径,其 QCRM 值较小,更容易被选定为路由。

5.3.6　QCAR 路由描述

QCAR 路由同 LCMR 路由类似,也是基于 DSR 路由,但在网络编码机会发现和 QoS 保证方面进行了扩展。本节介绍 QCAR 路由的运行原理,主要包括路由请求、路由应答和路由维护,并对 QCAR 路由的复杂度进行了分析。

QCAR 中 RREQ 和 RREP 报文结构如图 5-5 和图 5-6 所示。RREQ 报文中增加了 *Band* 和 *Delay* 字段,表示其带宽和延时需求。RREP 报文中增加了 *BCI* 字段,表示对应节点的带宽消耗指数。

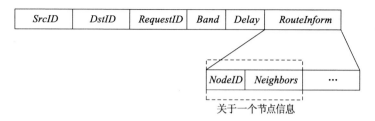

图 5-5　QCAR 路由中 RREQ 报文结构

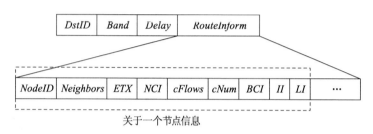

图 5-6　QCAR 路由中 RREP 报文结构

5.3.6.1　QoS 路由请求

假定源节点 S 收到一个到目的节点 D 的带有 QoS 约束的数据发送请求。该 QoS 请求可用一个二元组 $<Delay, Band>$ 表示，$Delay$ 和 $Band$ 分别表示该 QoS 请求的时延和带宽约束。如果节点 S 当前的路由表中没有到节点 D 且满足 $<Delay, Band>$ 的路由，则 S 发起到目的节点 D 的 QoS 路由发现进程。

Step1.

节点 S 创建 RREQ 报文。S 检查自己剩余带宽是否不小于 $Band$，如不满足，则该 QoS 请求被阻塞；否则 S 将 RREQ 报文广播出去。

Step2.

Step2.1 中间节点收到 RREQ 报文后，进行如下检查：

（1）当前节点是否是 RREQ 报文上一跳节点的处于 $Negative$ 状态的邻居节点；

（2）RREQ 的传输时间是否已大于 $Delay$，

（3）RREQ 经历的跳数是否大于 TTL；

（4）当前节点 ID 是否已经出现在 RREQ 的路径信息中（避免环路）。

如以上 4 条任意一条满足，则丢弃该 RREQ 报文；否则转 Step2. 2。

Step2. 2 当前节点检查自己是否是目的节点，如果是，则复制 RREQ 中路由信息，创建对应 RREP 报文，启动路由应答进程；否则转 Step2. 3。

Step2. 3 将当前节点 ID 及其邻居节点列表加入 RREQ 路径信息字段，并将 RREQ 转发出去。转 Step2. 1。

5.3.6.2 QoS 路由应答

目的节点 D 在收到 K_q 个满足时延约束的 RREQ 报文，或在收到第一个 RREQ 报文后已等待时间（$Delay - d$）（d 为第一个到达的 RREQ 所经历的时延）并收到 N_q（$1 \leqslant N_q \leqslant K_q$）个满足时延约束 RREQ 报文后，发起路由应答进程。

Step1. 目的节点依据 RREQ 的路径信息，创建对应的 RREP 报文，然后将 RREP 报文沿着反向路径，发给下一跳节点。

Step2. 中间节点收到 RREP 报文后，检查其是否是源节点，如是，则转到 Step5，否则启动编码感知进程，原理如图 3-10 所示，并取得编码感知结果 $Result$。

Step3. 当前节点 i 检查其可用带宽是否小于 $Band$：

（1）如其可用带宽小于 $Band$ 且 $Result$ 集合为空，表明当前节点不满足 QoS 带宽要求，丢弃该 $RREP$ 报文；

（2）如其可用带宽小于 $Band$ 且 $Result$ 集合非空，判断式（5-11）是否成立，如成立则转 Step4，否则说明即使采用网络编码，节点带宽仍然无法满足 QoS 需求，丢弃该 RREP 报文。式（5-11）中 $CodeSet$ 是 $Result$ 的组成元素，表示参与编码的数据流，$max(CodeSet)$ 表示 $CodeSet$ 中所有数据流占用带宽值的最大值，$B(i)_{available}^{app}$ 为节点 i 的当前可用带宽。

$$max(CodeSet) - max(CodeSet - \{node_i\}) \geqslant B(i)_{available}^{app} \quad (5\text{-}11)$$

（3）如其可用带宽大于 $Band$，转 Step4。

Step4. 依据 Result 结果更新 RREP 报文中,关于当前节点 i 的 *NCI*、*cFlows*、*cNum* 字段,同时更新其中关于当前节点 i 的 *ETX*、*BCI*、*II*、*LI* 等字段信息。随后将 *RREP* 报文发送给下一跳节点,转到 Step2。

Step5. 源节点根据路由度量 QCRM 计算各 RREQ 报文中路径的代价,并选代价最小路径最为路由。源节点沿该最优路径发送带宽预留报文 BWRE(Bandwith Reserve)。BWRE 报文在向目的节点发送过程中,每到达一个中间节点,通知其进行带宽预留,并要求节点更新可用带宽信息。源节点在收到目的节点对 BWRE 报文的确认消息后,更新其路由表,并开始发送数据。

需要注意的是,Step2 中,节点启动编码感知进程,其原理采用了算法 4-2 所描述的过程,但在编码机会判断时,采用了定理 5-1 作为依据。

5.3.6.3　QCAR 负载及复杂度分析

QCAR 作为一种分布式路由算法,其路由开销主要涉及以下两个方面:

(1)为了计算链路投递率,节点间需要周期性发送的 Hello 报文;

(2)在路由发现阶段,用于探寻路由的泛洪发送的 RREQ 报文。

其他一些必要消息的发送,如用于路由发现和编码感知进程的消息,可以通过周期性的 Hello 报文捎带发送,从而减少路由开销。其中,RREQ 报文对任何一种按需路由都是必需的,如 DSR 路由、AODV 路由等。因此,QCAR 路由与其他编码感知路由(DCAR 路由)和 QoS 路由(QUORUM 路由)相比,并没有显著增加路由开销。

定理 5-4　QCAR 路由的存储复杂度为 $O(R)$。

证明:如图 5-1 所示,在 QCAR 中,每个节点维护 1 个循环队列、1 个 RouteTable、1 个 NeighborTable、1 个 FlowTable。循环队列用于缓存监听及自己发送的数据包以用于编码数据包的解码,长

度固定,则其存储复杂度为 $O(1)$。RouteTable、NeighborTable、FlowTable 一条记录的长度固定,则其一条记录的存储复杂度为 $O(1)$。对网络中的每个节点,排除自身后,其他节点数目为($|V|$ − 1),则每个节点的 RouteTable 记录数目是固定的,每个节点的 RouteTable 存储复杂度为 $O(1)$。假定 N 是节点的最大邻居数目,R 是节点经过的最大数据流数目。明显有 $N \leqslant |V| - 1$,而 R 没有范围限制。从而 NeighborTable 的存储复杂度为 $O(1)$,而 FlowTable 的存储复杂度为 $O(R)$。综合以上分析可以得出,QCAR 路由总的存储复杂度为 $O(R)$。

定理 5-5 QCAR 的计算复杂度为 $O(PR + HK_q(|V| - 1))$。

证明:QCAR 路由中的计算主要发生在编码感知进程和目的节点对路径 QCRM 值计算中。假定 P 是一个节点处于 *Positive* 状态的邻居的最大数目,则依据编码感知进程的原理,编码感知进程的计算复杂度为 $O(PR)$。

假定 H 是一条路由的最大跳数。由于一条链路的 QCRM 值的计算,仅涉及简单的数学运算,其复杂度为 $O(1)$。一条路由的 QCRM 值的复杂度为 $O(H)$。假定从某个源节点收到的 RREQ 报文的最大数目为 $K_q(K_q \leqslant |V| - 1)$。那么当网络中所有其他节点作为源节点,收到的 RREQ 报文数目,也即路径 QCRM 值的计算次数为 $K_q \times (|V| - 1)$。QCRM 总的计算复杂度为 $O(HK_q(|V| - 1))$。因此,QCAR 的总体计算复杂度为 $O(PR + HK_q(|V| - 1))$。

5.4 仿真与性能分析

5.4.1 仿真参数设置

为了验证 QCAR 路由的性能,使用网络仿真器 NS2 对 QCAR 路由进行仿真。为了比较 QCAR 与其他编码感知和 QoS 路由的性能,本书对 DSR、DCAR 和 QUORUM 三种路由进行了仿真。QCAR 和 QUORUM 路由提供 QoS 路由,而 DSR 和 DCAR 不提供 QoS 路由,允许所有数据流进入网络。仿真网络包括 50 个节点,随机分布在一个 1 500 m × 1 500 m 正方形区域。MAC 协议采用 IEEE 802.11 DCF,每个节点的带宽为 11 Mb/s。

QoS 数据流作为 CBR 生成,其 QoS 约束参考了 VoIP 的 QoS 需求,延时约束为 100 ms,带宽约束为 80 kbps($Delay = 100$ ms, $Band = 80$ kbps)。每条数据流的生存时间为 2 min,具有相同的流量特征,即相同的数据速率、数据包大小和 QoS 约束等。QoS 数据流的源节点和目的节点随机从 50 个节点中选取。仿真中,考虑了不同的 QoS 请求达到速率情况下的路由性能。为了结果准确,每个场景的仿真运行 10 次,取 10 次仿真结果的平均值作为最终结果。其他一些仿真参数如表 5-2 所示。

此外,每个节点每隔 100 ms 发送 Hello 报文($\tau = 100$ ms),每隔 1 s 计算链路的投递率($T = 1$ s)。链路投递率阈值 L 设为 0.7。目的节点收到的 RREQ 报文最大数目 K_q 设置为 4。

表5-2　QCAR 路由仿真参数

仿真参数	取值
分组长度	512 Byte
节点传输半径	250 m
干扰半径	500 m
节点工作模式	混杂模式
节点发送模式	Psedo-broadcast
仿真时间	500 s
节点队列长度	50

5.4.2　仿真结果分析

从图 5-7 可以看出,4 种算法的开销随着 QoS 请求到达率的增加而逐步增加。DSR 算法的开销最小。因为另外三种算法需要发送 Hello 报文计算链路的健壮性。而这三种算法都有效利用 Hello 报文捎带信息,开销相差不大。但 QCAR 算法、QUORUM 算法相比于 DCAR 算法稍高一点。因为 QCAR 算法需要发送资源预留控制报文,而 QUORUM 算法需要发送 DUMMY 报文探测延时,导致了相比于 DCAR 算法的额外开销。

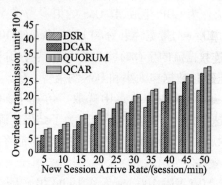

图 5-7 控制开销比较

从图 5-8 中可以看出,随着网络中 QoS 请求到达速率的增长,4 种算法的延时都逐步增加。在 QoS 请求到达速率小于 15 session/min,4 种算法的延时性能相差不大。此时由于 DSR 算法和 QUORUM 算法选择最优路径,而 QCAR 算法和 DCAR 算法由于考虑存在编码机会的问题,未选择最优路径,其延时性能较另外两种算法稍高。

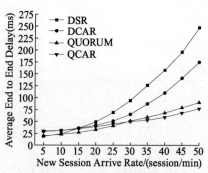

图 5-8 平均端到端延时比较

DSR 算法和 DCAR 算法提供尽力服务,不能保证路由的延时和带宽,所有到达的 QoS 请求都允许其接入。当 QoS 请求速率超过 20 session/min 后,由于连接数目的增加,发生一定程度的拥塞,因此其延时明显高于另两种算法。但由于 DCAR 算法考虑了节点的队列情况,能够一定程度避开拥塞区域,其延时低于 DSR 算法相比。

QUORUM 算法和 QCAR 算法可提供 QoS,如不存在满足 QoS 的路径则拒绝连接,因此 QUORUM 算法和 QCAR 算法的延时性能相当,总能保证延时性能在 QoS 的延时限制范围内。随着 QoS 到达速率的增加,QUORUM 需要发送大量的 RREQ – DUMMY 数据包探测延时,加重网络负载,而 QCAR 算法由于能够利用网络编码节省带宽资源,因此在 QoS 请求超过 38 session/min 后,QCAR 算法的延时开始低于 QUORUM 算法的延时。

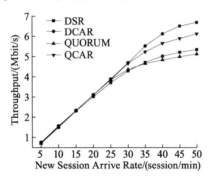

图 5-9　吞吐量比较

从图 5-9 中可以看出,在 QoS 请求到达率在 5 ~ 15 session/min 时,四种算法的吞吐量性能很接近。在 QoS 请求到达率超过 20 session/min 后,DSR 算法由于无法平衡负载,在最优路径附近出现拥塞,导致其吞吐量低于其他算法。随着网络中 QoS 请求到达速率的增加和 QoS 限制,QUORUM 算法开始拒绝部分 QoS 请求,在 34 session/min 左右,其吞吐量性能被 DSR 所超越。QCAR 算法和 DCAR 算法由于利用了网络编码,吞吐量性能明显优于其他两种算法。QCAR 算法随着 QoS 请求到达率的增加,部分 QoS 请求的 QoS 路径无法发现,需要拒绝部分 QoS 请求,其吞吐量性能在 30 session/min 后,开始低于 DCAR 算法。QCAR 算法和 QUORUM 算法由于需要考虑路径的 QoS 需求,并对无法满足其 QoS 的请求,拒绝其接入。特别是在超过 35 session/min 后,网络接纳新 QoS 请求的能力受限,吞吐量性能增加较为缓慢。

从图 5-10 可以看出,QCAR 算法的路由建立时间明显低于 QUORUM 算法。这由于 QUORUM 算法需要先使用 RREQ/RREP 发现路由,然后再使用 DUMMY 数据包探测路由延时,而 QCAR 算法则直接通过 RREQ/RREP 发现并建立 QoS 路由。在仿真开始阶段,QoS 路径的建立需要探寻完整的路径。随着网络中数据流的增多,节点的路由表逐渐丰富,部分 QoS 路径的发现受益于中间节点返回的已有路由。因此在 QoS 请求到达率在 5~15 call/min 时,两种算法的路由建立时间都逐步减小。随后,两种算法的路由建立时间出现一定的波动。随着网络中数据流数目的增多,网络中发生一定的拥塞,QCAR 算法和 QUORUM 算法的路由建立的时间,分别从 35 session/min 和 25 session/min 开始逐步增加。

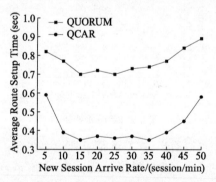

图 5-10 平均路由建立时间比较

由于 DSR 算法和 DCAR 算法不提供 QoS 保证,这里仅对 QCAR 算法和 QUORUM 算法的请求阻塞率进行比较。

从图 5-11 中可以看出,在请求到达速率小于 10 session/min 时,两种算法阻塞率都在 0.1% 以下,相差不大。随着网络中请求到达速率的增加,两种算法的 QoS 请求阻塞率逐渐增加,但 QCAR 的请求阻塞率较 QUORUM 平均低 3%。这是由于 QCAR 算法能够感知路由中编码机会,节省带宽资源,使得网络能够接纳更多的

QoS 请求。

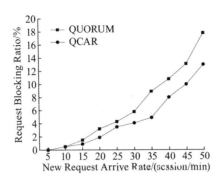

图 5-11　请求阻塞率比较

5.5　本章小结

　　针对现有编码感知路由没有考虑网络应用的 QoS 需求问题,本章提出了一种针对无线多跳网络的 QoS 保证的编码感知路由 QCAR。详细分析并给出了 QoS 带宽约束条件下的网络编码条件,并设计了一种新型跨层 QoS 路由度量 QCRM。QCRM 综合考虑节点的编码机会、可用带宽、干扰和负载情况。

　　QCAR 路由能够在保证路由的 QoS 基础上,发现网络中的编码机会,利用 QCRM 综合考虑节点的负载、编码机会等因素选择路由。仿真结果表明,该算法能够在路径 QoS 的基础上,有效平衡负载,提升网络吞吐量。特别是在高负载情况下,QCAR 路由能够利用网络编码,减少节点带宽消耗,提高网络的 QoS 请求成功率,提高网络服务接纳能力。

参考文献

[1] Chen Y, Farley T, Nong Y. Qos requirements of network applications on the internet[J]. Information Knowledge Systems Management, 2004,4(1):55 – 76.

[2] Marwaha S, Indulska J, Portmann M. Challenges and recent advances in QoS provisioning in wireless mesh networks[C] // In Proceedings of 2008 IEEE 8th International Conference on Computer and Information Technology, [S. l.]: IEEE, 2008: 618 - 623.

[3] Masip-Bruin X, Yannuzzi M, Domingo-Pascual J, et al. Research challenges in QoS routing[J]. Computer Communications, 2006, 29(5):563 - 581.

[4] Bahador B, Khorsandi S. Complexity and design of QoS routing algorithms in wireless mesh networks[J]. Computer Communications, 2011,34(14): 1722 - 1737.

[5] Iqbal M A, Dai B, Huang B X, et al. Survey of network coding-aware routing protocols in wireless networks [J]. Journal of Network and Computer Applications, 2011, 34(6): 1956 - 1970.

[6] Bruno R, Nurchis M. Survey on diversity-based routing in wireless mesh networks: challenges and solutions [J]. Computer Communications, 2010,33(3):269 - 282.

[7] Martinez N, Bafalluy M. A survey on routing protocols that really exploit wireless mesh network features[J]. Journal of Communications, 2010,5(3):211 - 231.

[8] Zheng W, Crowcroft J. Quality of service routing for supporting multimedia applications[J]. IEEE Journal on Selected Areas in Communications, 1996, 14(7): 1228 - 1234.

[9] Kuipers F A, Mieghem P F A V. Conditions that Impact the Complexity of QoS Routing [J]. IEEE/ACM Transactions on Network, 2005,13(4):717 - 730.

[10] Qi X, Ganz A. QoS routing for mesh-based wireless LANs[J]. International Journal of Wireless Information Networks, 2002, 9 (6): 179 - 190.

[11] Cheng X L, Mohapatra P, Sung-Ju L, et al. MARIA: interfer-

ence-aware admission control and QoS routing in wireless mesh networks[C]∥In Proceedings of IEEE International Conference on Communications(IEEE ICC),[S. l.]:IEEE, 2008, 285 – 2870.

[12] Harold L C, Leung K K, Gkelias A. A novel cross-layer QoS routing algorithm for wireless mesh networks[C]. In Proceedings of 2008 International Conference on Information Networking (IEEE ICOIN 08), [S. l.]:IEEE, 2008.

[13] Sun X M, Li C Q, Zhang M W. A QoS routing algorithm based on culture-particle swarm optimization in wireless mesh networks [C]. In Proceedings of 2010 6th International Conference on Wireless Communications, Networking and Mobile Computing (WiCOM 2010), [S. l.]:IEEE, 2010:1 – 4.

[14] Sun X M, Lv X Y. Novel dynamic ant genetic algorithm for QoS routing in wireless mesh networks[C]∥In Proceedings of IEEE 5th International Conference on Wireless Communication, Networking and Mobile Computing(WiCom), [S. l.]:2009.

[15] Ergin M A, Gruteser M, Lin L, et al. Available bandwidth estimation and admission control for QoS routing in wireless mesh networks[J]. Computer Communications,2008,31(7): 1301 – 1317.

[16] Chia-Cheng H, Yu-Liang K, Chun-Yuan C, et al. Maximum bandwidth routing and maximum flow routing inwireless mesh networks [J]. Telecommunication Systems, 2010, 44 (1): 125 – 134.

[17] Ronghui H, King-Shan L, Hon-Sun C, et al. Routing in multi-hop wireless mesh networks with bandwidth guarantees[C]. In Proceedings of 10th ACM International Symposiu on Mobile Ad Hoc Networking and Computing (ACM MobiHoc), [S. l.]: ACM, 2009, 353 – 355.

[18] Salonidis T, Garetto M, Saha A, et al. Identifying high throughput paths in 802. 11 mesh networks: a model-based approach [C] // In Proceedings of 15th International Conference on Network Protocols(IEEE ICNP), [S. l.]: IEEE, 2007:21 - 30.

[19] Kone V, Das S, Zhao B Y, et al. QUORUM-Quality of service in wireless mesh networks [J]. Mobile Network and Applications, 2007,12(5): 358 - 369.

[20] Yang Y, Kravets R. Contention-aware admission control for ad hoc networks [J]. IEEE Transactions on Mobile Computing, 2005,4(4):363 - 377.

第6章 基于遗传算法优化的无线多跳网络的网络编码感知路由

6.1 问题提出

当前的编码感知路由技术采用向目的节点发送路由请求包的方式探测路由,并在路由发现过程中依据网络编码条件主动感知路径上存在的编码机会。路由请求包在到的目的节点后,目的节点将返回路由应答报文。源节点依据路由度量计算各路径的代价,并依据一定规则更新路由表。这种路由发现方式实现简单,节点计算开销较小,但需要频繁的数据交互,路由建立时间较长,适合于节点能力较弱的小规模无线网络。但这种分布式路由发现方式在网络规模较大的情况下,需要较长的路由建立时间,且编码机会发现开销将显著增加。

Muhammad 等证明,编码感知路由是组合优化问题[1]。无线 Mesh 网络中 Mesh 路由器的计算和存储能力较强。为此本章提出了基于遗传算法优化的编码感知路由 GCAR(Genetic Algorithm optimization based Coding Aware Routing),考虑将遗传算法引入编码感知路由中,利用遗传算法的优秀的寻优能力,联合优化路由和网络编码机会。在 GCAR 路由中,对路由的染色体表达、适应度函数和遗传操作进行了重新设计。仿真结果表明,与其他编码感知路由相比,GCAR 路由能够在较短的时间内发现最优路径。

6.2 相关工作与研究动机

目前典型的编码感知路由(如 ROCX、DCAR 等)大多采用源路由机制进行分布式路由发现,即在源节点向目的节点发送路由请求报文 RREQ。RREQ 报文在向目的节点转发的过程中,依据网络编码条件,主动感知路径上节点是否存在编码机会。目的节点在收到 RREQ 报文后,向源节点返回路由应答报文 RREP。源节点在收到 RREP 报文后,依据其使用的路由度量,计算路径的代价开销,据此选择开销较小的路径作为路由。

遗传算法(Genetic Algorithm, GA)[2,3]是一种模拟生物进化理论和遗传学原理而建立的优化技术,由美国密歇根大学 Holland 教授于 1975 年首次提出。遗传算法具有内在的并行性和较好的全局寻优能力,采用概率化寻优方法,自动获取和指导优化的搜索空间,自适应调整搜索方向,且不需要确定的规则。

遗传算法的出色寻优能力使其应用于诸多领域,其中一个方向就是利用遗传算法计算路由[4]。Munemoto[5-7]提出了基于遗传算法的自适应路由 GARA(Genetic Adaptive Routing Algorithm)。GARA 路由采用变长编码方式,但其交叉操作在父代染色体的相同位置,容易产生大量不可行解,影响了算法性能。Liang 等基于 GA-RA 算法,提出了分布式遗传路由 DGA(Distributed Genetic Algorithm)[8]。DGA 将遗传算法与蚁群算法相结合,利用蚂蚁探寻初始路由,然后对蚂蚁探寻到的路由进行遗传操作。DGA 路由较为复杂,且蚂蚁的迁移消耗了大量网络带宽,其性能较低。Inagaki 等[9]提出采用固定长度编码方式的遗传路由,但是该算法需要较大的种群规模,节点开销较大。

近年来,随着网络编码的提出和研究的深入,基于遗传算法的网络编码优化成为网络编码的一个重要研究方向[10]。但是该研究方向的目的是在利用网络编码达到网络组播容量达到最小流最小割确定的理论上限的前提下,利用遗传算法优化网络编码节点或网络编码边,使得网络编码的开销最小。Kim 等在文献[11]中首次提出利用遗传算法优化网络编码边,并基于该方案提出了一系列改进方法[12-15]。Hu 等[16]着重解决网络拓扑动态变化的情况下基于遗传算法的网络编码优化问题。

6.3　GCAR 路由设计

6.3.1　问题描述

无线 Mesh 网络可以抽象为一个无向图 $G(V,E)$，其中 V 表示网络 Mesh 路由器节点集合，E 表示链路集合。符号 $l_{ij} \in E$ 表示由节点 i 到节点 j 的链路。符号 $|V|$ 表示网络中节点数目，$|E|$ 是网络中的链路数目。$N(i) = \{j | l_{ij} \in E, j \in V \& i \neq j\}$ 表示节点 i 的邻居节点数目，$|N(i)|$ 表示节点 i 的邻居数目。

由于 Mesh 客户端总是将流量递交给其 Mesh 路由器，Mesh 客户端不涉及路由。因此，GCAR 主要针对 Mesh 路由器之间的路由，并且不考虑网关节点。

假定 $I_{ij}(r)$ 是一个指示参数，表明路由 r 是否经过链路 l_{ij}，其定义如下：

$$I_{ij}(r) = \begin{cases} 1, & r \text{ traverse } l_{ij} \\ 0, & \text{otherwise} \end{cases} \tag{6-1}$$

给定一个由节点 S 到节点 D 的路由请求，GCAR 路由可以表示为一个优化问题：

$$\min_{r \in R(S,D)} \cos t(S,D,r) = \min_{r \in R(S,D)} \sum_{i=S}^{D} \sum_{\substack{j=S \\ j \neq i}}^{D} I_{ij}(r) \cos t(l_{ij}) \tag{6-2}$$

约束条件为

$$\sum_{\substack{j=S \\ j \neq i}}^{D} I_{ij} - \sum_{\substack{j=S \\ j \neq i}}^{D} I_{ji} = \begin{cases} 1, & \text{if } i = S \\ -1, & \text{if } i = D \\ 0, & \text{otherwise} \end{cases} \tag{6-3}$$

式（6-2）中符号 $\cos t(l_{ij})$ 表示链路 l_{ij} 的代价。式（6-3）是避免路由出现环路。

6.3.2　GCAR 工作流程

GCAR 路由的工作流程如图 6-1 所示。

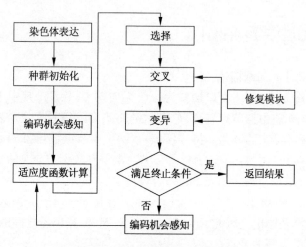

图6-1 GCAR 路由工作流程

GCAR 路由包括遗传算法典型的工作步骤,如个体染色体表达、种群初始化、选择操作、变异操作、交叉操作等。但与普通的遗传算法相比,GCAR 路由的工作流程有两点不同:在计算染色体适应度值之前,需要进行编码机会感知操作;在种群的交叉和变异操作后,需要增加一个修复模块,对那些新生成的但对应路径无效的染色体进行修复,提高遗传操作的效率。

6.3.3 节点结构

在 GCAR 路由中,节点结构如图 6-2 所示。GCAR 路由中,节点不再需要维护数据流表和邻居节点表。但是需要存储网络状态数据库 NSD(Network State Database)。NSD 中存储有整个网络所有节点的邻接情况、干扰和负载情况,以及网络中当前所有数据流的路径信息。在 GCAR 中,NSD 中的信息,通过节点间周期性的 Hello 报文捎带信息的方式建立。GCAR 模块实现 GCAR 路由中的核心功能,它从 NSD 获取网络的整体情况,并据此进行编码感知的路由计算,并将计算结果返回给路由表 RouteTable。

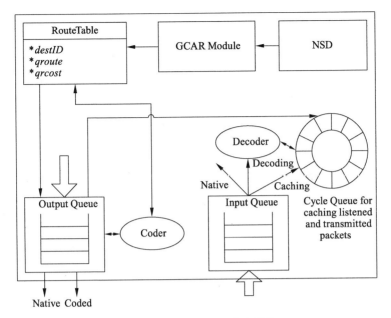

图 6-2　GCAR 路由中节点结构

6.3.4　种群初始化

在进行种群初始化之前,首先要为染色体选择合适的编码方式。在遗传算法中,染色体通过合适的编码方式来表示问题的解。由于 GCAR 路由优化的对象是路由,因此一条染色体对应的是一条路由。GCAR 路由中的染色体由对应路由经过的节点 ID 序列构成。染色体中的每个基因位对应于路由上的一个节点。由于路由的跳数不是固定的,GCAR 路由中的染色体的长度是变化的。图 6-3 给出 GCAR 路由中,一条路由对应的染色体编码的一个例子。在图 6-3 中,有一条从节点 N_1 到节点 N_m ($N_1 \rightarrow N_2 \rightarrow N_3 \cdots N_{m-2} \rightarrow N_{m-1} \rightarrow N_m$)的路由。该条路由对应的染色体,对应于该路由所经过节点 ID 所构成的序列。

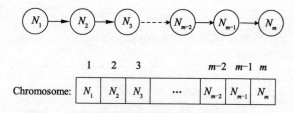

图6-3 GCAR 路由中染色体编码示例

种群初始化即生成对应于初始路由的指定数目的染色体。GCAR 依据 NSD 信息,并使用迪杰斯特拉算法计算若干条初始路径。

6.3.5 适应度函数

GCAR 路由中的适应度函数用于计算种群中各染色体对应路由的性能。因此,适应度函数对 GCAR 路由的性能至关重要,必须能够准确反映各染色体的性能。依据式(6-2),GCAR 路由选择具有最小代价的路径作为路由。假定链路 l_{ij} 的代价为 lc_{ij},对染色体 s,其适应度函数定义为

$$f_s = \frac{1}{\sum\limits_{i=1}^{n} lc_{ij}} \qquad (6\text{-}4)$$

依据式(6-4),一条染色体的适应度值是对应路径代价的倒数。为了避免网络编码引起负载不均,在 GCAR 路由中,链路代价采用式(4-4)定义的 $LCRM$ 作为路由度量。因此,式(6-4)可表述为

$$f_s = \frac{1}{\sum\limits_{i=1}^{n} LCRM_{ij}} \qquad (6\text{-}5)$$

6.3.6 遗传操作

一条染色体被选中进行遗传操作的概率与该染色体的适应度值有关:适应度值越大,则被选择进行遗传操作的概率越大。这样,可以保证群体中具有更好性能的个体被选择进入下一代。在 GCAR 路由中,采用精英策略和轮盘赌算法相结合的染色体的选择

方法。适应度值最大的染色体直接进入下一代种群。然后对所有染色体(包括适应度值最大的染色体),实行轮盘赌选择方法,一条染色体 i 被选中进行遗传操作的概率为

$$p_i = \frac{f_i}{\sum\limits_{i=1}^{N} f_i}, \ i = 1,2,\cdots,N \tag{6-6}$$

在 GCAR 路由中,针对染色体的遗传操作包括变异和交叉。变异操作在一对染色体之间进行。首先针对两条参加变异操作的染色体,找出其除源节点和目的节点外的共同节点构成候选交义点集合。然后检查从源节点到公共节点的路径是否相同,如相同,则该公共节点从候选交叉点集合中删除。持续上述检查,完成对所有公共节点的检查。如果最终候选交叉点集合为空集,则终止交叉操作。否则,从候选交叉节点集合中随机选取一个节点作为交叉节点,将两条染色体交叉点后面的字串进行交换,从而完成交叉操作。

变异操作在一个染色体上进行,变异点从染色体中除起点和终点外的中间节点中随机选取。处于变异点上的节点,被上跳节点的随机选取的一个邻居节点所替换,而变异点之后的染色体部分,由一条从变异节点到目的节点的新的子串所取代。

图 6-4 给出了 GCAR 路由中的染色体遗传操作示例。图 6-4a 是示例拓扑,其中节点 1 为源节点,节点 8 是目的节点。图 6-4b 中,给出两条染色体 13568 和 13258 的交叉操作。两条染色体的公共节点是 3 和 5,构成候选交叉点集合。在两个染色体中,节点 1 和节点 3 之间的路径完全相同,节点 3 从交叉点集合中删除。节点 5 符合交叉点的要求,被选择为交叉节点。交叉操作完成后,分别生成两条新的染色体 1358 和 132568。图 6-4c 解释了染色体变异操作。在图 6-4c 中,变异操作的对象是染色体 13468,节点 3 被选为变异节点。节点 3 的上跳节点为 1,其另外一个邻居节点为 4,则染色体中节点 3 被节点 4 取代,且原来由节点 3 到节点 8 的字串,由新的有效字串 468 所取代,从而生成新的染色体 1468。

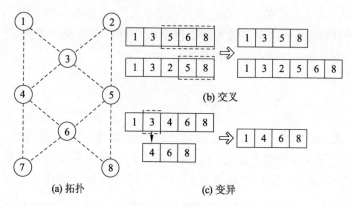

(b) 交叉

(c) 变异

(a) 拓扑

图 6-4　GCAR 路由中染色体遗传操作示例

　　由于 GCAR 路由中的染色体表示的是路由,在进行遗传操作后,需要保证新生成的染色体对应路由的有效性。为此 GCAR 路由提供了修复模块,对新生成的失效染色体进行修复,以避免路由中出现环路。以图 6-5 中的情况为例,其仍采用图 6-4 中的拓扑结构,两条染色体的源节点和目的节点分别为 1 和 8,两条染色体分别为 134658 和 14358。依据交叉准则,3、4、5 三个节点都可以交叉节点,最终选择节点 4 作为交叉节点。实施交叉操作后,产生两条染色体 134358 和 14658。其中 134358 中出现环路,修复模块将环路部分删除,产生最终染色体 1358。

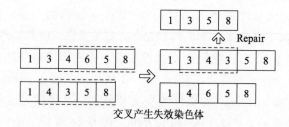

Repair

交叉产生失效染色体

图 6-5　GCAR 路由修复模块示例

　　在遗传操作完成后,需要计算各染色体的适应度值,以准备下一轮的遗传操作。而在计算适应度值之前,需要感知每个染色体对应路径中的编码机会,以方便计算其适应度值。依据定理 4-2,

网络编码仅发生在数据流交叉或重叠的节点。因此, GCAR 仅对染色体中已存在数据流的节点进行编码机会的判断, 而所采用的算法使用了图 4-10 所规定的算法。

6.3.7　GCAR 路由复杂度分析

定理 6-1　GCAR 路由能够最终收敛到全局最优解。

证明:文献[17]采用马尔科夫链模型证明,遗传算法如果采用精英模型,则其能够收敛到全局最优解。GCAR 采用精英模型,故 GCAR 路由能够收敛到全局最优解。

定理 6-2　GCAR 的时间复杂度为 $O(M \times N)$。

证明:假定 GCAR 路由中的种群规模为 M,交叉概率为 P_c,变异概率为 P_m,每次迭代过程中,需要 M 次选择操作,$M \times P_c$ 次变异操作,$M \times P_m$ 次变异操作,则一次迭代需要 $M \times (1 + P_c + P_m)$ 次操作。假定 GCAR 的迭代次数为 N,则 GCAR 路由总共需要 $M \times (1 + P_c + P_m) \times N$ 次操作。因此,GCAR 的时间复杂度为 $O(M \times N)$。

6.4　仿真与性能分析

6.4.1　仿真参数设置

为了验证 GCAR 路由的性能,采用 NS2 对其进行仿真,仿真参数见表 6-1。节点使用 802.11 DCF 作为物理层协议,每个节点的信道带宽为 11 Mb/s。为了便于性能比较,对基于遗传算法的最短路径路由 GSPR(Genetic algorithm based Shortest Path Rotuing)、DCAR、第 3 章提出的 LCMR 路由同时进行了仿真。其中 GSPR 使用与 GCAR 相同的染色体表示方法和遗传操作,并基于 ETT 设计适应度函数。

仿真中网络所有的数据具有相同的特性,如数据速率、数据包大小等,并使用 CBR 生成背景流量。每个数据流的源节点和目的节点从节点中随机选取。为了分析流量的分布特点,使用了式(4-7)定义的流量分布指数考察路由的负载分布情况。

表 6-1 GCAR 路由仿真参数

仿真参数	取值
种群规模	20
交叉概率	0.8
变异概率	0.1
节点传输半径	250 m
节点干扰半径	500 m
节点工作模式	混杂模式
节点发送模式	Psedo-broadcast
数据包大小	512 Byte
仿真时间	500 s
节点队列长度	50

仿真中考虑了两种场景：① 仿真网络由 30 个节点构成，并随机部署在 1 000 m × 1 000 m 的正方形区域内；② 网络部署在 1 500 m × 1 500 m 的正方形区域内，网络中节点随机分布，网络负载为 8 Mbit/s。考虑节点数目不同情况的网络中，GCAR 路由与 GSPR、DCAR 和 LCMR 的性能。

6.4.2 仿真结果分析

图 6-6 给出了两种场景下，4 种路由在不同负载境况下的平均路由建立时间的变化情况。由图 6-6a 可以发现，GCAR 和 GSPR 路由的平均路由建立时间变化较为平坦，且远低于 LCMR 和 DCAR 的平均路由建立时间。这是由于 GCAR 和 GSPR 在计算路由时使用了遗传算法，其路由建立时间取决于节点的计算速度。而 LCMR 和 DCAR 需要通过 RREQ/RREP 报文来探寻路由，其路由建立时间依赖于 RREQ/RREQ 报文的往返时间。在高负载情况下，由于拥塞的影响，LCMR 和 DCAR 路由的 RREQ/RREP 报文需要消耗更多的往返时间，导致其路由建立时间增长迅速。而 LCMR 由于考虑了干扰和节点负载情况，在高负载情况下其路由建立时间低于

DCAR 路由。与 GSPR 相比,GCAR 由于需要额外的编码感知和路由修复过程,其平均路由建立时间稍稍高于 GCAR 的路由建立时间 3% –5%。图 6-6b 给出了不同网络规模情况下的路由建立时间。可以发现,随着网络规模的增长,GCAR 和 GSPR 的路由建立时间缓慢增长,但是其增长速度远低于 LCMR 和 DCAR。

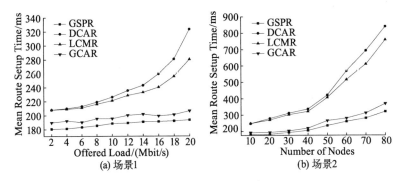

图 6-6 两种场景下的平均路由建立时间

图 6-7 给出了两种场景下,数据传输中编码数据包的比例情况。GSPR 由于不存在网络编码,其值始终为 0。

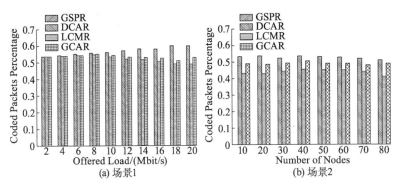

图 6-7 两种场景下的编码包比例

在图 6-7a 中,随着负载的加重,DCAR 的编码包比例变化较为平稳。LCMR 路由由于考虑了负载的因素,随着负载加重,其编码包的比例与 DCAR 的差距越来越大。而 GCAR 的编码包比例

LCMR 相比有所提高。这是由于 LCMR 路由采用 RREQ/RREQ 报文探测路由和编码感知信息,无法保证其得到路由的最优性。而 GCAR 路由由于采取了精英策略,总能够收敛到全局最优,其编码机会与 LCMR 相比有所增加。

图 6-7b 中反映了不同网络规模情况下编码包的比例情况。在网络节点数目在 10～30 之间时,3 种路由的编码包比例波动较小,且 GCAR 的编码包比例总是在 LCMR 和 DCAR 之间。随着网络规模的增大,一方面,数据流交叉的机会减少;另一方面,路径数目增多,LCMR 和 DCAR 难以保证找到最优路由,从而 LCMR 和 DCAR 的编码数据包比例有所下降。而 GCAR 由于优秀的寻优能力,其编码比例始终维持在 0.45 以上,并始终高于 LCMR。

图 6-8 给出了两种场景下 4 种路由的吞吐量变化情况。从图 6-8a 可以发现,在低负载情况(2～8 Mb/s)下,4 种路由的吞吐量非常接近。在负载高于 8 Mb/s 以后,GCAR 路由的吞吐量性能优于 LCMR、DCAR 和 GSPR。由于 GSPR 总是选择最短路径,在高负载情况下,容易导致严重拥塞,其吞吐量最低。DCAR 考虑了整条路径上节点的队列情况,但没有考虑干扰的影响,导致在高负载情况下,DCAR 路由的吞吐量低于 GCAR 和 LCMR 路由。而 GCAR 由于总是能够收敛到全局最优解,其吞吐量在高负载情况下稍稍高于 LCMR。

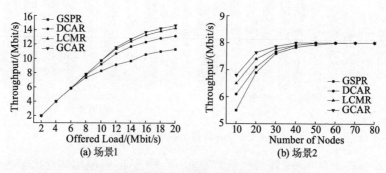

(a) 场景1   (b) 场景2

图 6-8   两种场景下的吞吐量

由图 6-8b 可以看出,在节点数目大于 50 以后,4 种路由均接近于负载,达到 8 Mbit/s。但在节点少于 50 的情境下,网络容易出现拥塞。GSPR 由于使用最优路径,导致最优路径容易拥塞,而其吞吐量最低。DCAR 由于没有考虑节点干扰因素,其吞吐量低于 GCAR 和 LCMR。LCMR 在网络规模小,其多径路由进一步引发网络拥塞,其吞吐量低于 GCAR。GCAR 综合考虑了节点的负载、干扰等因素,其吞吐量最优。

图 6-9 给出了两种场景下的平均端到端延时变化。由图 6-9a 可以看出,当负载低于 10 Mbit/s 时,4 种路由的变化较为平缓,而 GCAR、LCMR 和 DCAR 由于考虑了编码机会,其延时高于 GSPR。随着负载的增加,GCAR 路由的延时增长最为平缓,而 GSPR 路由由于总是使用最短路径,容易发生拥塞,延时迅速增加。DCAR 路由由于没有考虑干扰影响,导致节点在竞争得到信道访问权之前,需要更多的退避时间,导致其延时与 GCAR 和 LCMR 相比较为快速。GCAR 路由在高负载情况下,其延时性能最优。图 6-9b 给出了不同网络规模下的平均端到端延时。当网络规模较小时,节点负载过重,容易发生拥塞,4 种路由的延时较大。随着网络节点数目增多,延时逐渐减小,在节点数大于 50 后,网络规模的增大,平均路径长度对应增加,4 种路由的延时逐渐增加。其中,GCAR 路由由于综合考虑节点编码机会和干扰、负载等因素,以及其出色的寻优能力,其端到端延时始终最低。

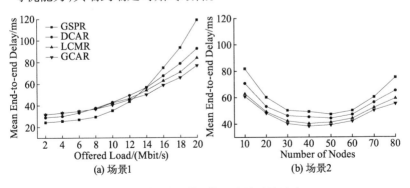

图 6-9　两种场景下的平均端到端延时

图 6-10 描述了两种场景下的流量分布指数变化情况。由图 6-10a 可以发现,LCMR 由于使用了多径路由,其流量分布指数最优,而 GCAR 由于同样综合考虑了节点的负载和干扰情况,且其利用遗传算法的寻优能力,其流量分布指数仅次于 LCMR,说明其能够充分均衡地分配网络负载。而 GSPR 路由总是选择最短路径,其负载均衡指数最低。由图 6-10b 可以看出,在网络规模较小时,所有链路都得到充分利用,四种路由的流量分布指数较高,随着网络规模的增大,路径的选择增多,网络中的很多链路发生闲置,4 种路由的流量分布指数逐渐降低。GCAR 路由由于考虑了负载、干扰等因素及其出色的寻优能力,其流量分布指数仅次于 LCMR,并远大于 DCAR 和 GSPR。

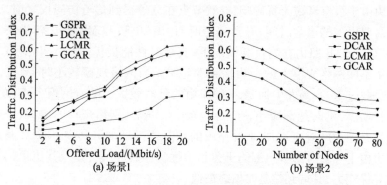

图 6-10　两种场景下的流量分布指数

6.5　本章小结

基于节点了解网络全局信息的场景,本章提出了基于遗传算法优化的编码感知路由 GCAR。将遗传算法引入其中,优化了路由和网络编码机会。GCAR 使用路由节点序列对染色体进行编码,提出了基于 LCRM 的适应度函数计算方法,以及单点交叉和变异操作。此外,GCAR 提出了精英策略和轮盘赌策略结合的选择算法,确保 GCAR 能够收敛到全局最优解。仿真结果表明 GCAR 路由在不同的网络规模下,都能够在较短的时间内发现编码感知路由,同时保证路由具有较好的负载均衡能力。

参考文献

[1] Iqbal M A, Dai B, Huang B X, et al. Survey of network coding-aware routing protocols in wireless networks [J]. Journal of Network and Computer Applications, 2011, 34(6): 1956 – 1970.

[2] Kenneth A De Jong. Evolutionary computation: a unified approach[M]. USA: MIT Press, 2006.

[3] Darrell W. A genetic algorithm tutorial[J]. Statistics and Computing, 1994,4(2):65 – 85.

[4] Wedde H F, Farooq M. A comprehensive review of nature inspired routing algorithms for fixed telecommunication networks [J]. Journal of System Architecture, 2006, 52 (8/9):461 – 484.

[5] Munetomo M, Takai Y, Sato Y. An adaptive network routing algorithm employing path genetic operators[C] // In Proceedings of the Seventh International Conference on Genetic Algorithms, 1997:643 – 649.

[6] Munemoto M, Takai Y, Sato Y. A migration scheme for the genetic adaptive routing algorithm [C] // In Proceedings of IEEE International Conference on Systems, Man and Cybernetics, [S. l.]:IEEE:2774 – 2779.

[7] Munetomo M. Designing genetic algorithms for adaptive routing algorithms in the internet[C] // In Proceedings of GECCO ' 99 Workshop on Evolutionary Telecommunications: Past, Present and Future,1999.

[8] Liang S H, Nur Zincir-Heywood A, Heywood M I. Intelligent packets for dynamic network routing using distributed genetic al-

gorithm［C］∥In Proceedings of Genetic and Evolutionary Computation Conference（GECCO 2002）, 2002:88 - 96.

［9］ Inagaki J, Haseyama M, Kitajima H. A genetic algorithm for determining multiple routes and its applications［C］∥In Proceedings IEEE International Symposium on Circuits and Systems, ［S. l. ］:IEEE, 1999:137 - 140.

［10］黄政, 王新. 网络编码中的优化问题研究［J］. 软件学报, 2009, 20(5): 1349 - 1361.

［11］ Kim M, Ahn C W, Medard M. On minimizing network coding resources: an evolutionary approach［C］∥In Proceedings of Net-Cod 2006, ［S. l. ］:IEEE, 2006:1 - 7.

［12］ Kim M, Medard M, Aggarwal V, et al. Evolutionary approaches to minimizing network coding resources［C］∥In Proceedings of. the IEEE INFOCOM 2007, ［S. l. ］:IEEE, 2007:1991 - 1999.

［13］ Kim M, Aggarwal V, Una-May O'Reilly, et al. Genetic representations for evolutionary minimization of network coding resources［C］∥In Proceedings of the 4th European Workshop on the Application of Nature-Inspired Techniques to Telecommunication Networks and Other Connected Systems（EvoCOMNET 2007）, ［S. l. ］:Springer-Verlag, 2007:21 - 31.

［14］ Kim M, Aggarwal V, Una-May O'Reilly, et al. A doubly distributed genetic algorithm for network coding［C］∥In Proceedings of the 9th Annual Conference on Genetic and Evolutionary Computation（GECCO 2007）, ［S. l. ］:ACM, 2007: 1272 - 1279.

［15］ Kim M, Medard M, Aggarwal V, et al. On the coding-link cost tradeoff in multicast network coding［C］∥In Proceedings of the 2007 Military Communications Conference（MILCOM 2007）, ［S. l. ］:IEEE, 2007, 1 - 7.

［16］ Hu X B, Leeson M, Evor Hines. An effective genetic algorithm

for network coding [J]. Computers and Operations Research,
2012,39(5):952 – 963.

[17] Suzuki J. A Markov chain analysis on simple genetic algorithms
[J]. IEEE Transactions on Systems, Man, and Cyberne-tics,
1995,25(4): 655 – 650.

第7章 基于跨层网络编码感知的无线传感器网络节能路由

针对当前编码感知路由存在编码条件失效、未考虑节点能量而不适合于无线传感器网络的问题,提出基于跨层网络编码感知的无线传感器网络节能路由算法 CAER。提出并证明了修正后的网络编码条件,以解决编码条件失效问题。基于跨层思想,将网络编码感知机制与拓扑控制、覆盖控制结合,挖掘潜在编码机会。提出综合考虑节点编码机会、节点能量的跨层综合路由度量 CCRM。仿真结果表明,CAER 能够提高网络编码感知准确性,增加网络编码机会数量,延长网络生存时间。

7.1 问题提出

无线传感器网络[1]中传感器节点一般通过电池供电,且由于节点数量和网络部署环境的制约,节点难以更换电池。因此,节能问题[2]是无线传感器网络研究的一个基础且重要问题,而节能路由算法设计[3,4]是其中的一个重要方面。

2000 年 Ahlswede 等[5]提出了"网络编码"概念。网络编码允许网络中间节点对收到的数据包进行编码操作,颠覆了传统信息论认为网络中间节点对接收到的数据包进行操作不会带来任何增益的观点。Li 等[6]证明,网络编码可以使组播速率达到最大数据流最小割理论确定的上界。而无线环境中的网络编码[7],可以充分利用无线信道开放的特性,减少数据传输次数、提高网络吞吐量,非常适合于无线传感器网络。

由于网络编码在节省数据传输、提高吞吐量方面的优势,目前已出现一些结合网络编码的无线多跳路由技术[8]。应用于无线多跳网络路由中的网络编码,依据参与编码的数据流属于单一数据流还是多个数据流,可分为流间网络编码和流内网络编码[8]。流内网络编码一般利用随机线性网络编码解决数据传输可靠性问题;而流间网络编码一般为异或运算,利用无线信道的广播特性,可减少数据传输次数,适合于解决节能路由问题,是本文的研究对象。基于流间网络编码的路由技术一般也称为编码感知路由(Coding Aware Routing)。

当前已提出的编码感知路由存在以下问题:网络编码条件在部分场景失效[8,9]、未考虑无线传感器网络节点能量受限。因此当前编码感知路由并不适合直接应用于无线传感器网络,其在编码机会感知准确度和数量方面有待提高,且需要考虑传感器节点能耗和网络生存时间问题。

本章提出基于跨层网络编码感知(Cross Layer Coding Aware Energy Efficient Routing, CAER)的无线传感器网络节能路由算法CAER。

CAER 的创新点体现在以下两个方面:

(1)提出并证明改进的网络编码条件,避免了失效问题,提高编码感知的准确性;

(2)基于跨层思想,将网络编码感知机制和拓扑控制结合,挖掘潜在编码机会,提高编码机会数量。

7.2 相关工作

Sachin 等[10]率先将网络编码引入无线多跳网络路由中,提出了基于网络编码的路由框架 COPE。COPE 详细讨论了将网络编码应用到无线网络中,存在编码机会的 3 种典型编码拓扑结构:链状拓扑、交叉拓扑、轮状拓扑。COPE 在已建立的路由中,依据典型编码拓扑结构,被动发现网络编码机会,且编码拓扑限制在编码节点的 1 跳范围内,其编码机会发现范围有限。

Ni 等[11]提出了"编码感知"(Coding Aware)概念,即在路由建立过程中,将路由发现与编码机会发现相结合,引导路由发现存在编码机会的路径,其编码机会的发现数目显著提高。但 Ni 等未讨论网络编码条件。

Le 等[12]提出了分布式编码感知路由 DCAR。DCAR 给出了两条交叉数据流在交叉节点可进行网络编码的充要条件,并将编码拓扑的范围由 1 跳向编码节点的上下游进行了拓展。DCAR 拓宽了网络编码机会发现的范围,增强了编码感知能力,但该网络编码条件在特定场景下会失效[8,9]。

覃团发[13]和宋谱[14]等分别提出基于马尔科夫模型的路径代价度量和具有编码意识的路由代价度量 ECTX,以反映网络编码对路由的贡献,但也未分析网络编码条件。

樊凯等[15]将按需多跳路由与网络编码结合,提出按需编码感知路由 OCR。OCR 能够主动发现编码机会,寻求"增加编码机会""最短路径""避免拥塞"之间的折中。但与 DCAR 一样,OCR 的编码条件在特定场景下会失效。

陈贵海等[16]将网络编码感知与多径路由结合,提出编码感知多径路由 CAMP。CAMP 依据各路径质量按比例分配流量,并在每跳节点动态计算网络编码增益和路径转换收益,决定是否切换路径,从而提高网络编码机会。但 CAMP 在每跳节点计算编码机会,增加了节点负担。田贤忠等[17]提出了编码增益感知路由 CGAR,解决编码感知路由的延时问题。CAMP 和 CGAR 均没有考虑网络编码条件。

此外,以上路由[10-17]没有考虑无线传感器网络节点的节能需求。文献[18,19]考虑了节点能耗的影响,但未分析网络编码条件。

文献[20-24]研究了将流内网络编码与无线传感器网络路由结合后,传输可靠性与节点能耗的关系,但未考虑利用流间网络编码,减少数据传输次数以节约节点能耗。

目前,国内外将编码感知路由应用于无线传感器网络的尝试较少。因为一般认为编码感知路由需要所有网络节点持续监听其他节点的数据发送并缓存,会耗费较多节点能量,且要求节点硬件设置较大存储器以缓存监听到的数据包。但对网络编码条件的分析发现,仅需在必要的有限数目节点进行监听,能耗有限,且随着硬件的发展,节点存储器价格将逐渐下降,将不再是影响编码感知路由应用的瓶颈。

目前也已经提出一些针对无线传感器网络的编码感知路由。Shen 等[25]研究编码感知路由在应用于无线传感器网络时,编码数据包长度的匹配问题,但没有考虑节点能量的问题。仝杰等[26]则研究将流间网络编码应用于无线传感器网络任播路由,也没有考虑到节点能耗问题。此外这两种路由,仅单纯从网络层考虑路由问题,且未分析网络编码条件问题。

传统协议分层技术可以简化问题,保证各层协议最优,但通常无法保证整体性能最优。近年来,跨层技术[27]成为研究领域的一个热点。

因此,有必要针对现有编码感知路由的网络编码条件进行研究,进而从无线传感器网络节点能耗受限的需求出发,并结合跨层思想,提出适用于无线传感网的编码感知路由算法。

7.3 CAER 路由设计

7.3.1 网络编码条件

网络编码条件是判断数据流能否在交叉节点进行网络编码的依据,直接影响网络编码机会发现的数量和准确度,是网络编码感知路由的一个核心问题。在定义网络编码条件之前,首先给出相关定义和引理。

定义 7-1 无线传感器网络可以用一个图 $G(V, E)$ 来表示,其中 V 表示网络节点集合,E 表示网络中节点之间的无线链路集合。对任意一个节点 v,与其存在直接链路的节点集合,用 $N(v)$ 表示,也称为节点 v 的邻居集合。

定义 7-2 对一条由源节点 S 到目的节点 D 的数据流 f: $S \rightarrow N_1 \rightarrow N_2 \cdots \rightarrow N_n \rightarrow v \rightarrow N_{n+1} \rightarrow N_{n+2} \cdots \rightarrow N_{n+m} \rightarrow D$, 符号 $U(v,f)$ 表示数据流 f 中, 节点 v 的上游节点集合, $U(v,f) = \{S, N_1 \cdots N_n\}$, 而符号 $D(v,f)$ 表示数据流 f 中, 节点 v 的下游节点集合, $D(v,f) = \{N_{n+1}, \cdots N_{n+m}, D\}$。

Le 等给出了 DCAR 路由中, 两条数据流在交叉节点的网络编码条件[12], 如引理 7-1。

引理 7-1 在 DCAR 路由中, 两条数据流 f_1 和 f_2 在节点 v 交叉, f_1 和 f_2 可以在节点 v 进行网络编码的充分必要条件如下:

(1) 存在节点 $d_1 \in D(v,f_1)$, 且有 $d_1 \in N(u_2)$, 其中 $u_2 \in U(v,f_2)$; 或者 $d_1 \in U(v,f_2)$。

(2) 存在节点 $d_2 \in D(v,f_2)$, 且有 $d_2 \in N(u_1)$, 其中 $u_1 \in U(v,f_1)$; 或者 $d_2 \in U(v,f_1)$。

但 DCAR 的网络编码条件存在失效的问题[8]。以图 7-1a 为例, 网络中存在 3 条数据流, $flow_1 : 1 \rightarrow 2 \rightarrow 3 \rightarrow 4 \rightarrow 7 \rightarrow 5$, $flow_2 : 6 \rightarrow 7 \rightarrow 8 \rightarrow 9 \rightarrow 10 \rightarrow 11$, $flow_3 : 12 \rightarrow 13 \rightarrow 9 \rightarrow 14 \rightarrow 15 \rightarrow 16$, 分别传输数据包 P_1、P_2、P_3, 此时 3 条数据流未发生网络编码。

依据引理 7-1, $flow_1$ 和 $flow_2$ 可在节点 7, $flow_2$ 和 $flow_3$ 可在节点 9 分别进行编码。但在节点 7 和节点 9 进行编码后, 节点 16 仅可得到 $P_1 \oplus P_3$, 无法正确解码得到 P_3, 如图 7-1b 所示。

通过分析图 7-1b 中节点 16 无法解码的问题, 发现如节点 16 能够监听到节点 7 发出的编码包 $P_1 \oplus P_2$, 则其可以正确解码。引理 7-1 之所以出现失效的问题, 是由于出现数据流的数据包在到达节点 v 之前已经发生编码, 此时 $U(v,f_1)$ 和 $U(v,f_2)$ 的范围需要进一步确定。在两条数据流在到达节点 v 之前均未编码的情况下, 引理 7-1 是成立的。

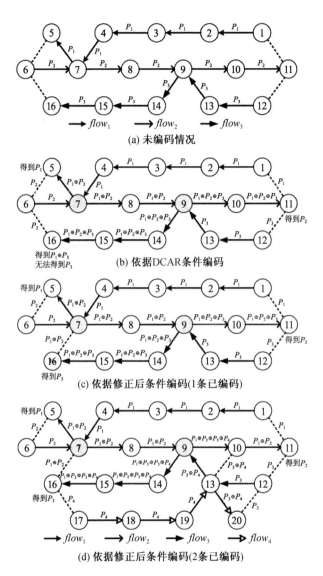

图 7-1 网络编码条件示例

定义 7-3 对一条由源节点 S 到目的节点 D 的数据流 f: $S \to N_1 \to N_2 \cdots \to N_n \to v \to N_{n+1} \to N_{n+2} \cdots \to N_{n+m} \to D$, 符号 $UC(v, f)$ 表示

数据流 f 中,由节点 v 上溯到第一个编码节点 N_{c1},所遍历得到的节点集合, $UC(v, f) = \{N_{c1} \cdots N_n\}$。

定理 7-1 两条数据流 f_1 和 f_2 在节点 v 交叉, f_1 和 f_2 可以在节点 v 进行网络编码的充分必要条件如下:

(1) 存在节点 $d_1 \in D(v, f_1)$,且有 $d_1 \in N(u_2)$,其中 $u_2 \in UC(v, f_2)$;或者 $d_1 \in UC(v, f_2)$。

(2) 存在节点 $d_2 \in D(v, f_2)$,且有 $d_2 \in N(u_1)$,其中 $u_1 \in UC(v, f_1)$;或者 $d_2 \in UC(v, f_1)$

证明:

① 当 f_1 和 f_2 在节点 v 之前未发生网络编码,则 $UC(v, f_1) = U(v, f_1)$, $UC(v, f_2) = U(v, f_2)$,此时定理 7-1 退化为引理 7-1,则该充要条件成立。

② 当 f_1 和 f_2 中有 1 条数据流在到达 v 之前发生编码,假定是 f_1 发生编码,其发送编码数据包 P_C,而 f_2 发送数据包 P_2。此时有 $UC(v, f_2) = U(v, f_2)$。

假定条件 (1)(2) 成立。依据 (2), f_2 在节点 d_2 处,可以解码得 P_2。依据 (1), f_1 在节点 d_1 处,可以解码得到 P_C。而数据包 P_C 再次依据条件 (1)(2),如此迭代,最终必是两条未编码数据流的情况,即引理 7-1 的情况,从而最终 f_1 的目的节点可以正确解码。从而 f_1 和 f_2 均可正确解码。充分性得证。

假定 f_1 和 f_2 在节点 v 可以进行编码,则必然存在节点 $d_2 \in D(v, f_2)$,且有 $d_2 \in N(u_1)$,其中 $u_1 \in UC(v, f_1)$;或者 $d_2 \in UC(v, f_1)$,即 (2) 成立,以使 f_2 的目的节点可正确解码。由于 f_2 未编码,则必然存在节点 $d_1 \in D(v, f_1)$,且有 $d_1 \in N(u_2)$,其中 $u_2 \in U(v, f_2)$;或者 $d_1 \in U(v, f_2)$,由于 $UC(v, f_2) = U(v, f_2)$,则 (1) 成立。必要性得证。

则 (1)(2) 是节点 v 可编码的充要条件。

③ 同②原理,当 f_1 和 f_2 在到达 v 之前均发生编码,问题可以迭代分解,最终分解为①或②情况,则 (1)(2) 同样可证是充分条件。

基于①②③的证明,定理 7-1 得证。

以图 7-1 示例解释定理 7-1。此时,假定节点 16 能够监听到节点 7 发出的编码包 $P_1 \oplus P_2$,如图 7-1c 所示。此时满足:① $v_{16} \in D(v_9, f_3)$,且有 $v_{16} \in N(v_7)$,$v_7 \in UC(v_9, f_2)$;② $v_{11} \in D(v_9, f_2)$,且有 $v_{11} \in N(v_{12})$,$v_{12} \in UC(v_9, f_3)$,满足定理 7-1 条件,f_2 和 f_3 可在节点 9 编码,且节点 16 可正确解码。

在图 7-1d 中,增加数据流 $flow_4 : 17 \to 18 \to 19 \to 13 \to 20$,此时 $flow_1$ 和 $flow_2$ 可在节点 7 编码,$flow_3$ 和 $flow_4$ 可在节点 13 编码,考察 $flow_2$ 和 $flow_3$ 能否可以在节点 9 编码。依据定理 7-1,有:① $v_{16} \in D(v_9, f_3)$,且有 $v_{16} \in N(v_7)$,$v_7 \in UC(v_9, f_2)$;② $v_{10} \in D(v_9, f_2)$,且有 $v_{10} \in N(v_{13})$,$v_{13} \in UC(v_9, f_3)$,则 f_2 和 f_3 可在节点 9 编码,且节点 16 和 11 均可正确解码。

下面对定理 7-1 进行推广,给出定理 7-2。

定理 7-2　n 条($n \geq 2$)数据流 f_1,f_2,$\cdots$,f_n 在节点 v 交叉,f_1,f_2,$\cdots$,f_n 可以在节点 v 进行网络编码的充分必要条件如下:n 条数据流中,任意两条数据流 f_i 和 f_j 可在节点 v 处进行网络编码,即 f_i 和 f_j 满足定理 7-1。

证明:

① 充分性证明

假定 n 条数据流中,任意两条数据流 f_i 和 f_j $(i \neq j)$ 可在节点 v 处进行网络编码,则数据流 f_i 和 f_j 都可在其目的节点对 f_i 和 f_j 的编码数据包正确解码得到原始包。由于 f_j 都是随机选取的,则数据流 f_i 可以在目的节点,对 f_1,f_2,$\cdots$,f_n 的编码包正确解码。又由于 f_i 是随机选取的,则任意一条数据流都可以对 n 条数据流的编码包进行正确解码。因此,根据网络编码基本充要条件,n 条数据流可在节点 v 处进行网络编码。

② 必要性证明

假定 f_1,f_2,$\cdots$,f_n 可以在节点 v 进行网络编码,则对其中任意一条数据流 f_i,其目的节点能够正确解码得到原始数据包。这样对任意两条数据流 f_i 和 f_j,数据流 f_i 可在目的节点对 f_i 和 f_j 的编码数据包正确解码得到原始包,数据流 f_i 可在目的节点对 f_i 和 f_j 的编码数据包正确解码得到原始包,则数据流 f_i 和 f_j 可在节点 v 处进行网络编码。从而,n 条数据流 f_1, f_2, $\cdots$, f_n 中,任意两条数据流 f_i 和 f_j 可在节点 v 处进行网络编码。

基于① ②的证明,定理 7-2 得证。

7.3.2 跨层网络编码感知基本思想

有了网络编码条件,路由算法可据此感知编码机会。但无线传感器网络中,由于能量受限,一般在网络层之下进行拓扑控制和覆盖控制。拓扑控制通过控制节点发射功率,确定节点间邻居关系,而覆盖算法通过对覆盖重复节点进行休眠,以节约能耗。

拓扑控制和覆盖算法影响了部分潜在编码机会的发现。以图 7-2 所示拓扑为例,图 7-2a 中,网络拓扑与图 7-1a 所示的网络拓扑,除节点 16 位置外,其他一致。由于节点 16 距离节点 7 较远,无法监听其收发数据,依据定理 7-1,$flow_1$ 和 $flow_2$ 可在节点 7 编码,而 $flow_2$ 和 $flow_3$ 无法在节点 9 编码。

如通过拓扑控制机制控制节点 7 的发送功率,使节点 16 可监听节点 7 的数据,则 $flow_2$ 和 $flow_3$ 可以在节点 9 编码,如图 7-2b 所示。

检查网络覆盖算法发现在节点 7 的数据发送范围内节点 17 出于节能考虑而休眠。此时如激活节点 17,则节点 17 可以监听到节点 7 的数据,$flow_2$ 和 $flow_3$ 可以在节点 9 编码,如图 7-2c 所示。

从图 7-2 出发,CAER 考虑将网络编码感知与拓扑控制、覆盖控制结合,提出跨层网络编码感知思想,其协议结构如图 7-3 所示。

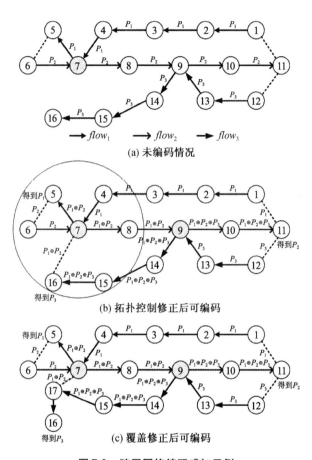

(a) 未编码情况

(b) 拓扑控制修正后可编码

(c) 覆盖修正后可编码

图 7-2　跨层网络编码感知示例

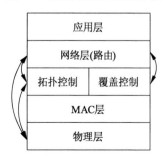

图 7-3　跨层网络编码感知协议层次

7.3.3 跨层网络编码感知路由度量

编码机会最多的路径其能量消耗可能未必最优,需要设计一种综合考虑节点能量、网络编码机会、无线链路质量等因素的综合路径代价度量。为此,CAER 设计了一种跨层编码感知路由度量 CCRM（Cross Layer Coding Aware Routing Metric）。

本书使用文献[28]中的能量模型。对由节点 i 到节点 j 的无线链路 l_{ij},其 CCRM 值的定义如下:

$$CCRM_{l_{ij}} = E(T_i) + E(R_j) \tag{7-1}$$

式中,$E(T_i)$ 表示节点 i 向节点 j 发送数据所消耗的代价,而 $E(R_j)$ 是节点 j 接收数据所消耗的代价。

对一条路径 P,该路径 P 的 CCRM 值定义如下:

$$CCRM_P = \sum_{l \in P}^{P} CCRM_l \tag{7-2}$$

为了反映节点 i 的网络编码机会、链路 l_{ij} 的链路质量,$E(T_i)$ 的定义如下:

$$E(T_i) = ETX_{l_{ij}} \times CF_i \times E_T^i \tag{7-3}$$

$ETX_{l_{ij}}$ 定义的是链路 l_{ij} 的正确传输 1 次数据,所期望需要的传输次数[29],其定义如下:

$$ETX_{l_{ij}} = \frac{1}{1 - p_{l_{ij}}} = \frac{1}{(1 - p_f) \times (1 - p_r)} \tag{7-4}$$

式中,$p_{l_{ij}}$ 为 l_{ij} 的丢失概率,p_f 为链路 l_{ij} 的前向丢失概率,p_r 为链路 l_{ij} 的后向丢失概率。

CF_i 为节点 i 的网络编码因子,其定义如下:

$$CF_i = \begin{cases} 0, & \text{在节点 } i \text{ 存在编码机会} \\ 1, & \text{节点 } i \text{ 不存在编码机会} \end{cases} \tag{7-5}$$

网络编码因子反映的是编码机会给路由带来的增益。如在节点 i 存在编码机会,则当前数据流的数据可以和原有其他数据流的数据包编码后传输,可以看做当前的数据包被原有数据流捎带发送出去,从而可以节省数据传输和能量消耗。

E_i^T 反映的是节点 i 的数据发送能耗强度,其定义如下:

$$E_i^T = E_i^{TElec} + \varepsilon_{amp} d^\gamma \tag{7-6}$$

式中，E_i^{TElec} 为节点 i 电路上传输单位比特数据消耗的能量，直接与节点的发送功率相关；ε_{amp} 为信号放大消耗的能量；d 为发送与接收节点之间的距离；γ 为路径消耗系数，在 $[2,4]$ 内取值。

$E(R_j)$ 的定义如下：

$$E(R_j) = ETX_{l_{ij}} \times E_j^{RElec} \tag{7-7}$$

式中，E_i^{RElec} 为节点 j 电路上接收单位比特数据消耗的能量。

7.3.4　CAER 路由详细步骤

CAER 路由中，每个节点维持一个邻居表，记录邻居节点信息；一个循环缓冲队列，缓存监听到的数据包；一个数据流表，记录流经该节点的数据流信息，包括每条数据流的路径信息。网络初始时刻，所有节点置为 *Unhear* 状态，不需监听并缓存其他节点的数据包。

网络中节点上电后，首先以最大发射功率，发送一个探寻报文。其他节点收到该报文后，将该节点加入邻居节点表。该数据结构称为节点的完整邻居表。网络进行拓扑控制和覆盖控制之后，节点邻居表中，部分邻居节点可能休眠，而部分邻居节点可能由于发射功率降低，无法直接通信，这两类邻居节点的状态设置为 *Inactive*，而其他可通信的邻居节点的状态置为 *Active*。完整邻居表中，处于 *Active* 状态的节点信息，构成的数据结构，称为节点的活动邻居表。

CAER 的详细步骤如下：

（1）源节点 S 发出目的节点为 D 的路由请求报文 RREQ，其中包括源节点、目的节点、路径信息。

（2）中间节点 v 在收到 RREQ 报文后，按以下步骤处理：

① 如 v 是 D，转到（3），否则转下一步；

② 将当前节点的 *ID* 加入路径，同时在 RREQ 内存储当前节点的完整邻居表信息，以及每个邻居节点的完整邻居表信息。

③ 将上一跳节点和当前节点的共同邻居节点，且处于 *Inactive* 的节点，存储进 RREQ。

④ 将更新后的 RREQ 报文转发出去。

（3）RREQ 报文到达目的节点 D，按以下步骤处理：

① 将 RREQ 报文中的路径信息和每跳节点的完整邻居表信息拷贝，创建 RREP 报文。

② 将 RREP 报文按照反向路径转发。

③ 如 RREP 到达源节点 S，跳转到（4），否则转向下一步。

④ 到达中间节点 v 后，运行跨层网络编码感知算法，确定在节点 v 是否存在编码机会，并将返回结果 $Result(Result')$ 存进 RREP。详算法 7-1：

算法 7-1：跨层网络编码感知算法

输入：节点 v，RREP 报文中路径 r，节点 v 的 $FlowTable_v$，包括 n 条经过节点 v 的数据流信息：$f_1, f_2, f_3, \cdots f_n$

输出：$Result$，包括可以与 RREP 中的路由在节点 v 进行编码的数据流集合

// 为了实施编码，数据流中需要进行监听的节点集合，构成 $HearRev$，被监听

// 节点集合构成 $HearSend$

// $CodeSet$ 为可编码数据流集合，Num 为编码数据流数目

// 需要通过拓扑控制增加发射功率的节点集合为 TS，

// 需要通过覆盖控制集合的节点集合为 CS

$Result \leftarrow \emptyset$；$HearSend \leftarrow \emptyset$；$HearRev \leftarrow \emptyset$；$Num = 0$；

$CodeSet \leftarrow \{r\}$

For each flow f_i in $FlowTable_v$，$i = 1$ to n do

If f_i 与 $CodeSet$ 中的任意一个数据流 f_j 满足定理 7-1 then

    $CodeSet = CodeSet \cup \{f_i\}$；

更新 $HearSend$；更新 $HearRev$；

    End If

End For

$Num = |CodeSet|$；

If $Num > 1$ && $HearSend$ 中所有节点均为 $Active$ 状态

$Result = <CodeSet, Num, HearRev>$；

End If

Return $Result$

If $Num > 1$ && $HearSend$ 中有节点为 $InActive$ 状态

$TS = \{HearSend$ 中为 $InActive$ 状态的节点$\}$；

$Result = < CodeSet, Num, HearRev, TS >$；

$End\ If$

将 r 中每两个相邻节点共同的 $Inactive$ 节点加入这两个节点之间，构成新路径 r'

$CodeSet \leftarrow \{r'\}$

For each flow f_i in $FlowTable_v$，$i = 1$ to n do

If f_i 与 $CodeSet$ 中的任意一个数据流 f_j 满足定理 7-1 then

$CodeSet = CodeSet \cup \{f_i\}$；

更新 $HearSend$；更新 $HearRev$；

End If

End For

$Num = |CodeSet|$；

If $Num > 1$

$TS = \{HearSend$ 中为 $InActive$ 状态的节点$\}$；

$CS = \{HearSend$ 和 $HearRev$ 中为 $Inactive$ 状态，且属于 r' 的节点$\}$；

$Result' = < r', CodeSet, Num, HearRev, TS, CS >$；

Return $Result\ Result'$；

End If

---

⑤ 与节点 v 的底层交互，确定当期节点到上跳节点的 ETX 值、E_v^{TElec} 和 E_v^{TElec}，并存进 RREP。

⑥ 转发 RREP。

（4）S 收到 RREP 报文后，按照公式（7-2）计算 RREP 中路径的 CCRM 值，选择 CCRM 值最小的路径 r，作为 S 到 D 的路由。路由算法与覆盖控制、拓扑控制模块交互：对 r 每跳节点的编码感知算法返回结果，CS 集合中的节点，实施覆盖修正，TS 集合中的节点，实施拓扑控制修正。将 $HearRev$ 集合中的节点置为 $Hear$ 状态，确保其能够监听其他节点。

7.4 仿真与性能分析

7.4.1 仿真参数设置

为了分析 CAER 路由的性能,使用 NS2 对 CAER、DCAR、COPE 进行仿真比较。仿真场景为 50 个传感器节点均匀部署在 1 000 m × 1 000 m 的正方形区域内。节点的 MAC 层采用 IEEE 802.15.4,信道容量为 250 kbps,节点发送队列大小为 50,数据包大小为 128 Byte。网络中数据流设为 CBR 类型,数据流速率为 8 kbps。每条数据流的源节点和目的节点从 50 个节点中随机选取。仿真中逐步增加数据流数目,考察 3 种路由的性能。节点初始能量为 100 J,其他仿真参数参见表 7-1。

表 7-1　仿真参数设置

仿真参数	参数值
E_i^{TElec}（正常）	50 nJ/bit
E_i^{TElec}（最大）	100 nJ/bit
E_i^{RElec}	50 nJ/bit
ε_{amp}	10 pJ/bit/m^2
γ	2

7.4.2 仿真结果分析

图 7-4 为数据流数目逐渐增长的情况下,3 种路由的吞吐量变化情况。由图 7-4 可以发现,在数据流数目少于 10 时,3 种路由的吞吐量不相上下。在数据流数目大于 10 以后,随着数据流数目的增加,数据流之间的交叉和重叠的机会增加,CAER 和 DCAR 能够发现更多的编码机会,从而节省节点的带宽资源,其吞吐量明显高于 COPE。而 COPE 是在建立的路由中,被动发现编码机会,编码机会数目较少,网络更容易发生拥塞,造成网络吞吐量增长速度放缓。CAER 由于纠正了 DCAR 中编码机会误判的问题,且可以通过

覆盖修正和功率修正,进一步增加编码机会,其吞吐量比 DCAR 略高。在 14～20 个数据流的情况下,CAER 的吞吐量平均比 DCAR 高 8 kbps。

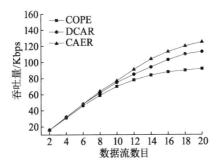

图 7-4　数据流数目变化时吞吐量情况

图 7-5 为数据流数目逐渐增长的情况下,3 种路由的平均端到端延时的情况。由图 7-5 可以看出,在数据流数目小于 16 时,CAER 和 DCAR 较为接近,且明显高于 COPE。

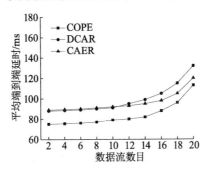

图 7-5　数据流数目变化时平均端到端延时情况

在数据流数目大于 16 后,CAER 和 DCAR 的差距拉大,而和 COPE 的差距减少。这是由于 COPE 首先建立最优路径,不考虑编码机会,其路径通常较短,延时最低。而 CAER 和 DCAR 在建立路由时,需要考虑编码机会,通常不是最短路由。此外,由于 CAER 和 DCAR 发现更多编码集合,在编码节点需要编码和解码的处理延时。随着数据流数目增加,由于 CAER 能够发现更多的编码机会,节省节点带宽资源,网络拥塞发生较晚,DCAR 的延时逐渐高于 CAER。而 COPE 由于发生拥塞较快,延时增长迅速,与 CAER 和 DCAR 的差距逐渐减小。

图 7-6 为数据流数目逐渐增长的情况下,3 种路由的单位数据包能耗的情况。由图 7-6 可以发现,CAER 和 DCAR,明显低于 COPE。在 2 ~ 10 条数据流范围内,COPE 的单位数据包能耗随着数据流数目增加逐渐减小。在数据流数目大于 10 后,COPE 的单位数据包能耗逐渐增加。在 2 ~ 12 条数据流情况下,CAER 和 DCAR 的单位数据包能耗随着数据流数目增加逐渐减小。在数据流数目大于 12 后,CAER 和 DCAR 的单位数据包能耗逐渐增加。

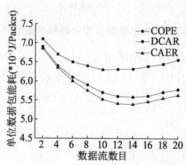

图 7-6 数据流数目变化时单位数据包能耗情况

这是由于 3 种路由均能发现编码机会,在数据流较少阶段,随着数据流数目增加,编码机会增多,单位数据包能耗降低。而在数据流数目继续增大后,网络中发生拥塞,重传次数增加,从而单位数据包能耗逐渐增长。CAER 由于能够发现的编码机会更多,其单位数据包能耗最低。COPE 发现的编码机会数目较少,其单位数据包能耗始终最大。

图 7-7 为数据流数目逐渐增长的情况下,3 种路由的网络生存时间情况。由图 7-7 可以发现,随着数据流数目增长,3 种路由的网络生存时间迅速减少。但由于 CAER 和 DCAR 能够主动感知编码机会,其网络生存时间要高于 COPE。CAER 由于能够发现潜在编码机会,进一步节省节点能量,其网络生存时间平均要比 DCAR

高 8% ~ 12% , 有效延长了网络生存时间。

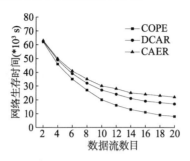

图 7-7　数据流数目变化时网络生存时间情况

图 7-8 和图 7-9 分别为数据流数目逐渐增长的情况下,3 种路由的编码包百分比和各种编码节点占编码节点总数百分比的情况。

由图 7-8 发现,在数据流数目小于 4,3 种路由的编码数据包百分比均在 10% 以下。随着数据流数目的增加,3 种路由的编码数据包百分比逐渐增加,CAER 和 DCAR 高于 COPE,CAER 比 DCAR 高 5% ~ 15% 。CAER 由于修正了网络编码条件,且可以通过覆盖修正和功率修正,进一步增加编码机会,其编码节点数目更多,从而编码数据包所占百分比始终最高,这与图 7-4 至图 7-7 的分析相印证。

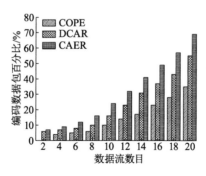

图 7-8　数据流数目变化时编码数据包百分比情况

为了分析 CAER 路由中 CAER 编码条件、覆盖修正、功率修正对编码机会的影响,图7-9 分析了 CAER 路由的编码数据包中,各种类型编码节点的百分比。编码节点的类型是指网络编码发生的依据,分为无修正、覆盖修正、功率修正、覆盖修正、功率修正 4 种类型。由图7-9 发现,无修正的编码节点所占百分比远高于其他3 种,且随着数据流数目增长缓慢降低,而覆盖修正缓慢增加,在5%～11%之间变化。功率修正、覆盖修正、功率修正所占比例较低,均在5%以内。这是由于采用覆盖修正后,节点的发射功率增大,虽然可以产生编码机会,但路径 CCRM 值较大,通常被节点放弃。因此,覆盖修正能够进一步增加网络编码机会,而功率修正对编码机会增加的贡献较低。

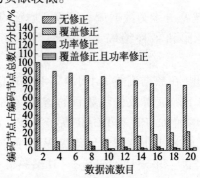

图 7-9　数据流数目变化时编码节点百分比情况

7.5　本章小结

针对当前编码感知路由存在编码条件失效、未考虑节点能量而不适合于无线传感器网络的问题,提出基于跨层网络编码感知的无线传感器网络节能路由算法 CAER。提出并证明了修正后的网络编码条件,以解决编码条件失效问题。基于跨层思想,将网络编码感知机制与拓扑控制、覆盖控制相结合,挖掘潜在编码机会。提出综合考虑节点编码机会、节点能量的跨层综合路由度量CCRM。仿真结果表明,CAER 能够提高网络编码感知准确性,增加网络编码机会数量,有效延长网络生存时间。

参考文献

[1] Jennifer Y, Biswanath M, Dipak G. Wireless sensor network survey[J]. Computer Networks, 2008, 52(12): 2292 – 2330.

[2] Giuseppe A, Marco C, Francesco Mario D, et al. Energy conservation in wireless sensor networks: a survey[J]. Ad hoc Networks, 2009, 7(3): 537 – 568.

[3] Garcia Villalba L J, Sandoval Orozco A L, Trivino Cabrera A, et al. Routing Protocols in Wireless Sensor Networks[J]. Sensors, 2009, 9(11): 8399 – 8421.

[4] Shivaprakasha K S, Kulkarni M. Energy efficient routing protocols for wireless sensor networks: a survey[J]. International Review of Computers and Software, 2011, 6 (9):929 – 943.

[5] Ahlswede R, Cai N, Li S Y, et al. Network information flow [J]. IEEE Transactions on Information Theory, 2000, 46(4): 1204 – 1216.

[6] Li S Y, Yeung R W, Cai N. Linear network coding[J]. IEEE Transactions on Information Theory, 49(2): 371 – 381:2003.

[7] Fragouli C, Katabi D, Markopoulou A, et al. Wireless network coding: opportunities and challenges[C] // Military Communications Conference, [S.1]:IEEE:29 – 31.

[8] Iqbal M A, Dai B, Huang B X, et al. Survey of network coding-aware routing protocols in wireless networks [J]. Journal of Network and Computer Applications, 34(6): 1956 – 1970, 2011.

[9] Guo B, Li H K, Zhou C, et al. Analysis of general network coding conditions and design of a free-ride-oriented routing metric [J]. IEEE Transactions on Vehicular Technology, 2011, 60 (4): 1714 – 1727.

[10] Katti S, Rahul H, Hu W J, et al. XORs in the air: practical

wireless network coding[J]. IEEE/ACM Transactions on Networking,2008,16(3):497 –510.

[11] Ni B, Santhapuri N, Zhong Z F, et al. Routing with opportunistically coded exchanges in wireless mesh networks[C]∥In Proceedings of 2006 2nd IEEE Workshop on Wireless Mesh Networks(WiMESH 2006), [S. l.]:IEEE, 2006:157 –159.

[12] Ji-lin L, Lui J C S, Dah-ming C. DCAR:Distributed coding-aware routing in wireless networks[J]. IEEE Transactions on Mobile Computing, 2010,9(4):596 –608.

[13] 覃团发,廖素芸,罗会平,等. 支持网络编码的无线 Mesh 网络路由协议[J]. 北京邮电大学学报,2009,32(1):14 –18.

[14] 宋谱,贺志强,牛凯,等. 具有网络编码意识的无线路由判据[J]. 北京邮电大学学报,2009,32(3):22 –26.

[15] 樊凯,李令雄,龙冬阳. 无线 Mesh 网中网络编码感知的按需无线路由协议的研究[J]. 通信学报 2009,30(1):128 –134.

[16] 陈贵海,李宏兴,韩松,等. 多跳无线网络中基于网络编码的多路径路由[J]. 软件学报,2010,21(8):1908 –1919.

[17] 田贤忠,朱艺华,缪得志. 无线网络编码增益感知的低时延路由协议[J]. 电子学报,2013,43(4):652 –658.

[18] 朱艺华,唐春光,田贤忠. 基于交叉流网络编码的节能路由[J]. 电子与信息学报,2011,33(12):2984 –2989.

[19] 田贤忠,缪得志,胡同森. 一种基于能量的网络编码感知路由算法[J]. 小型微型计算机系统,2012,33(5):1093 –1097.

[20] 李珊珊,廖湘科,朱培栋,等. 基于网络编码的无线传感网多路径传输方法[J]. 软件学报, 2008,19(10):2638 –2647.

[21] 卢莉萍,黄飞,张宏,等.基于网络编码的传感器网络多径路由模型能量分析[J].南京理工大学学报,2010,34(8):436 –440.

[22] 卢文伟,朱艺华,陈贵海. 无线传感器网络中基于线性网络编码的节能路由算法[J]. 电子学报, 2010,38(10):2309 –2314.

[23] 付彬,李仁发,刘彩苹,等. 无线传感器网络中一种基于网络编码的拥塞感知路由协议[J]. 计算机研究与发展, 2011, 48 (6):991 - 999.

[24] Yang Y W, Zhong C S, Sun Y M, et al. Network coding based reliable disjoint and braided multipath routing for sensor networks [J]. Journal of Network and Computer Applications, 2010, 33 (3):422 - 432.

[25] Shen H, Bai G W, Zhao L, et al. An adaptive opportunistic network coding mechanism in wireless multimedia sensor networks [J]. International Journal of Distributed Sensor Networks, 2012:1 - 13.

[26] 仝杰,杜治高,钱德沛. 基于 Inter-Flow 网络编码的多 Sink 无线传感器网络 Anycast 路由[J]. 计算机研究与发展,2014,51 (1):161 - 172

[27] Mendes L D P, Rodrigues J J P C. A survey on cross-layer solutions for wireless sensor networks[J]. Journal of Network and Computer Applications,2011,34(2):523 - 534.

[28] Heinzelman W B, Chandrakasan A P, Balakrishnan H. An application-specific protocol architecture for wireless microsensor networks[J]. IEEE Transactions on Wireless Communications, 2002, 1(4): 660 - 670.

[29] Douglas S J De Couto, Aguayo D, Bicket J, et al. A high-throughput path metric for multi-hop wireless routing[J]. Wireless Networks, 2005, 11(4):419 - 434.

第8章 基于普适网络编码条件的无线传感器网络节能路由

由于无线传感器网络中的无线传感器节点通常由电池供电而且通常很难更换电池,因此节能一直是无线传感器网络的关键问题之一。近年来,网络编码作为一种可以提高网络吞吐量、减少数据传输次数、节约能源的技术,在解决无线传感器网络节能问题上具有一定潜力,并且一些网络编码感知路由相继被提出。然而,现有网络编码感知路由的网络编码条件在某些场景下可能会不成立,从而导致无法解码问题。此外,现有网络编码感知路由通常忽略节点能量,而节点能量会影响网络编码感知路由的节能性能。因此现有网络编码感知路由不适用于无线传感器网络。本章提出了普适网络编码条件UCC(Universal network Coding Condition),并证明普适网络编码条件能够避免无法解码的问题。进而基于 UCC,本章提出了一种基于网络编码感知的无线传感器网络节能路由 NAER(Network coding Aware Energy efficient Routing)。结合无线传感器网络的底层覆盖控制和拓扑控制机制,提出了跨层编码机会发现机制,以增加编码机会。提出了一种综合考虑网络编码机会、节点能量和链路质量的网络编码感知节能路由度量 NERM(Network coding aware Energy efficient Routing Metric)。仿真结果表明,NAER 可以提高网络编码机会发现的准确度,增加编码机会数量,节省节点的能量消耗,延长无线传感器网络的网络生存时间。

8.1 问题提出

近几十年来,无线传感器网络 WSN(Wireless Sensor Network)[1,2]由于其在危险环境监测、目标跟踪、生物医学健康监测等许多重要应用领域的潜力,引起了研究领域的广泛关注。然而,无线传感器网络中的传感器节点一般都是由电池供电,且由于节点数量多、网络部署环境的限制,管理员更换电池通常比较困难。因此,节能[3,4]是无线传感器网络的基础和关键问题,节能路由算法[5-7]设计是解决无线传感器网络节能问题的一个重要方面。

2000 年 Ahlswede 等[8]提出了"网络编码"的概念。网络编码允许网络的中间节点对接收到的数据包进行编码,颠覆了传统信息论认为中间节点对接收到的数据包进行编码不会带来任何收益的观点。Li 等[9]证明了利用网络编码后,组播速率可以达到最大流最小割理论确定的上限。特别是无线环境下的网络编码[10,11]可以充分利用无线信道的开放特性,减少数据传输次数,提高网络吞吐量,非常适合应用于无线传感器网络。

以图 8-1 中的场景为例,来说明无线环境下网络编码相对于传统存储转发方式的优势。在图 8-1 中,节点 1 和节点 3 想要通过节点 2 交换一对数据包。如果使用存储转发方式,交换过程将需要 4 次传输,如图 8-1a 所示。但是,如果使用网络编码方式,在节点 2 分别从节点 1 和节点 3 接收到 P_1 和 P_2 后,节点 2 对 P_1 和 P_2 执行网络编码操作,然后发送编码包 $P_1 \oplus P_2$。由于无线信道的广播特性,节点 1 和节点 3 都将接收到 $P_1 \oplus P_2$。节点 1 通过计算 $P_1 \oplus (P_1 \oplus P_2) = P_2$ 得到原始数据包 P_2,节点 3 通过计算 $P_2 \oplus (P_1 \oplus P_2) = P_1$ 得到 P_1。从图 8-1b 可以明显看出,与图 8-1a 所示的存储转发方式相比,使用网络编码的传输次数减少到了 3。

由于网络编码在减少数据传输次数和提高吞吐量方面的优势,无线多跳网络中出现了一些基于网络编码的路由[12-14]。无线多跳网络路由中使用的网络编码,根据参与网络编码的数据流属于单一数据流还是属于多个数据流,可将网络编码分为两类:流间网络编码和流内网络编码[8]。流内网络编码通常使用随机线性网络编码来解决传输可靠性问题,而流间网络编码通常执行异或操作,利用无线信道的广播特性来减少数据传输的次数,适用于节能路由。因此,本章主要研究基于流间网络编码的无线传感器网络路由问题。基于流间网络编码的路由通常也被称为编码感知路由。

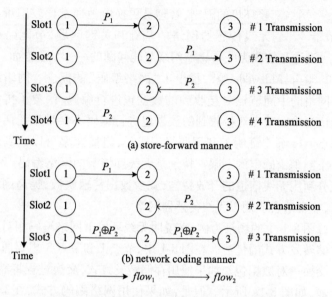

图 8-1　存储转发方式与网络编码方式比较示例

Katti 等[15]提出了在无线多跳网络中使用网络编码解决单播问题的 COPE 路由架构,并提出了经典的 1 跳编码结构。Ni 等[16]提出了机会编码交换路由 ROCX(Routing with Opportunistically Coded Exchanges)。ROCX 可以根据 1 跳编码结构主动改变路径,从而创造更多的网络编码机会。Le 等[17]提出了分布式编码感知路由 DCAR(Distributed Coding Aware Routing),DCAR 将 COPE 中的编码结构范围扩展到多跳,进一步增加了网络编码机会。Guo等[18]研究了 DCAR 网络编码条件在某些场景下的无法解码问题,并提出了改进策略。Peng 等[19]和 Hou 等[20]考虑了无线网络环境下的无线干扰和网络编码,提出了无线干扰和网络编码感知路由。

　　然而,上述提出的网络编码感知路由并没有深入分析网络编码条件失效的原因,也没有给出保证编码包可解码的网络编码条件。此外,这些路由未考虑节点能量消耗和网络生存时间。因此,现有的网络编码感知路由不适用于无线传感器网络。本章提出了一种面向无线传感器网络的网络编码感知节能路由 NAER(Network coding Aware Energy efficient Routing)。NAER 的特色体现在以下几个方面:

(1)分析了现有网络编码感知路由存在的无法解码问题,提出并证明了具有普适性,且充分必要的网络编码条件,提高了编码机会发现的准确性;

(2)基于跨层设计思想,提出了结合覆盖控制和拓扑控制的编码机会跨层发现方法,增加潜在的网络编码机会;

(3)提出网络编码节能路由度量 NERM(Network coding Energy efficient Routing Metric),NERM 是一种综合路由度量,综合考虑了网络编码机会、节点能量和链路质量。

8.2　相关工作与研究动机

目前,研究人员已经提出一些基于网络编码的无线多跳网络路由。

Sachin 等[15]将网络编码引入无线多跳网络中的单播,提出了 COPE 路由架构。在 COPE 中,讨论了存在网络编码机会的 4 种经典编码结构(链形结构、"X"结构、交叉结构、轮行结构),如图 8-2 所示。"编码结构"是指存在编码机会的网络拓扑,所以也称为"编码拓扑"。图 8-2 中的虚线表示虚线一端的节点可以通过开放的无线信道监听到虚线另一端的节点发送的数据包。然而,COPE 是在已建立的路由中,根据经典的编码结构,被动地发现网络编码机会。此外,COPE 中的编码结构也被限制在编码节点的 1 跳范围内。

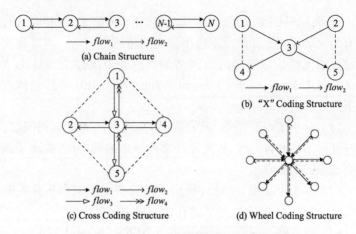

图 8-2　COPE 中 1 跳范围的经典编码结构

Ni 等[16]提出了"编码感知"概念和 ROCX 路由。ROCX 将路由发现与编码机会发现结合起来，以寻找带有编码机会的路径作为路由。以图 8-3 中的场景为例说明编码感知路由的原理。在图 8-3 中，最初有 2 条数据流，$flow_1$：$8 \rightarrow 1$，$flow_2$：$1 \rightarrow 5$，两条数据流的路径如图 8-3 所示。

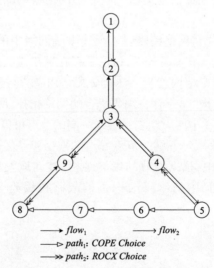

图 8-3　ROCX 路由的编码感知原理示例

然后,节点 5 想要向节点 8 发送数据包。使用 COPE 路由,则节点 8 将选择最短路径,即 $path_1$ 作为路由。而使用 ROCX 路由,则节点 8 将选择 $path_2$ 作为路由,因为使用 $path_2$ 在节点 2、3、4、9 处存在网络编码机会。因此,ROCX 能主动发现有编码机会的路由,增加编码机会数量。然而,ROCX 使用 COPE 中的 1 跳编码结构来发现网络编码机会。

Le 等[17]提出了分布式编码感知路由 DCAR。DCAR 提出面向在中间节点相交的两条数据流的多跳网络编码条件,该网络编码条件将编码结构的范围从 1 跳拓展到多跳。图 8-4 中的场景描述了具有多跳范围的网络编码结构示例。在图 8-4 中,$flow_1$ 和 $flow_2$ 在节点 3 处相交。节点 11 可以监听来自节点 1 的数据包,节点 5 可以监听来自节点 8 的数据包。如果节点 3 对来自 $flow_1$ 和 $flow_2$ 的数据包进行编码,那么节点 6 和节点 11 可以分别获得它们期望得到的原始数据包。从图 8-4 可以明显看出,解码节点和监听节点都在距离编码节点节点 3 的 2 跳距离处。与 COPE 相比,DCAR 的网络编码条件扩大了编码结构的范围。虽然 DCAR 扩大了编码结构的范围,提高了路由发现更多编码机会的能力,但在图 8-5 所示的某些情况下,根据 DCAR 的多跳网络编码条件进行网络编码,可能出现解码失败的问题。

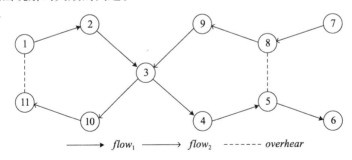

图 8-4 DCAR 路由中具有多跳范围的编码结构示例

Guo 等[18]研究了根据 DCAR 网络编码条件开展网络编码,但发生解码失败的场景,如图 8-5 所示。在图 8-5a 中,有 3 条数据流,$flow_1$:1→3,$flow_2$:8→10,$flow_3$:4→7。根据 DCAR 的多跳网络编码条件,$flow_1$ 和 $flow_3$ 可以在节点 5 编码,$flow_2$ 和 $flow_3$ 可以在节点 6 编码。节点 3 和节点 7 最终可以分别得到原始数据包 P_1 和 P_2,但节点 10 只能得到编码包 $P_1 \oplus P_2$,而不是原始数据包 P_2。换言之,在某些情况下,DCAR 的多跳网络编码条件会出现解码失败的问题。为解决 DCAR 网络编码条件存在的解码失败问题,文献[18]提出了一些改进措施和一般网络编码条件 GCC(General Network Coding Condition)来修正 DCAR 中的网络编码条件。另外,文献[18]提出免费搭乘路由度量 FORM(Free-ride-oriented Routing Metric)。在图 8-5b 中,$flow_3$ 上节点 6 的前 1 跳节点,即节点 C,可以通过解码 $P_1 \oplus P_3$ 尽快获得原始数据包 P_3。而在图 8-5c 和图 8-5d 中,数据流 $flow_2$ 上节点 6 的多个下游节点,可以监听到足够的数据包用于正确解码。但文献[18]并没有对 DCAR 网络编码调试译码失败的深层原因进行分析。此外,GCC 并未形式化给出具体定义,很难在编码机会发现过程中使用。

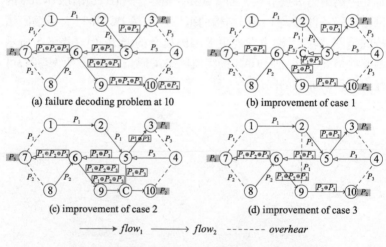

(a) failure decoding problem at 10　　(b) improvement of case 1

(c) improvement of case 2　　(d) improvement of case 3

$\longrightarrow flow_1$　　$\longrightarrow flow_2$　　$------ overhear$

图 8-5　多跳网络编码条件失效场景示例及改进示例

Peng 等[19]和 Hou 等[20]提出了编码和干扰感知路由。在文献[19]和[20]中研究了网络编码下的可用带宽计算方法。然而,文献[19]利用了 DCAR 的网络编码条件,而文献[20]根据 COPE 中的经典编码结构来判断每个中间节点的网络编码机会。

Kok 等[21]提出了改进的一般网络编码条件 IGCC（Improve General Network Coding Condition）。但是，IGCC 包含 5 条规则，并且规则在不同的场景下有所不同，这使得节点实现编码机会发现有点复杂。Chen 等[22]研究了多数据流的网络编码条件。然而，该网络编码条件是必要的，而不是充分的，这意味着根据必要的编码条件，同样可能会发生解码失败的问题。

此外，文献[15 – 22]中的路由均未考虑节点能量消耗，这对能量受限的无线传感器网络而言非常重要。因此，以上路由不适用于无线传感器网络。此外，研究人员还提出了一些基于网络编码的无线传感器网络路由。

李珊珊[23]、Yang[24]、Wang[25]、Miao[26]提出了无线传感器网络基于网络编码的路由。然而，文献[23 – 26]中的路由利用了流内网络编码（随机线性网络编码），而不是流间网络编码，以提高传输可靠性。为了解决编码包长度匹配问题，Shen[27]提出了基于流间网络编码的自适应机会主义编码路由 AONC（inter-flow network coding based Adaptive Opportunistic Network Coding routing）。但是 AONC 采用机会主义路由，在每个中间节点上决定下一跳节点，这导致无法判断多跳以外的网络编码机会，从而降低网络编码的增益。

目前，将基于流间网络编码的路由技术应用于无线传感器网络的研究还很少。因为一般认为基于流间网络编码的路由需要所有的网络节点不断地监听邻居节点的传输并缓冲监听到的数据包，这会消耗额外的节点能量，并且需要传感器节点设置更大的存储器来缓冲监听到的数据包。然而很明显，通过分析经典编码结构，只有有限数量的节点需要执行监听操作。另一方面，随着集成电路技术的发展，存储器的价格也一直在下降。

传统的协议分层技术可以简化问题，保证设计的协议在每一层都是最优的，但一般不能保证总体性能的最优。近年来，跨层技术[28]已成为提高网络整体性能的一种有效技术。然而，现有的网络编码感知路由只考虑了网络层的路由问题,未尝试将网络编码与跨层技术结合起来,以提高网络编码机会数量和整体网络性能。

通过以上对网络编码感知路由和跨层技术研究现状的分析,促使本章提出一面向能量受限无线传感器网络的新的编码感知路由。本章提出了一种基于网络编码的无线传感器网络节能路由NAER。在 NAER 中,提出并证明了 2 条数据流具有普适性且充分必要的网络编码条件。然后将网络编码条件扩展到多数据流场景。结合与无线传感器网络中覆盖控制和拓扑控制的跨层交互,提出了基于该普适网络编码条件的网络编码发现机制。此外,提出了一种综合路由度量,即网络编码感知节能度量路由 NERM,它综合考虑了网络编码的机会、链路质量和节点能量。在 NS2 上的仿真结果表明,NAER 增加网络编码机会,延长无线传感器网络的网络生存时间。

8.3 NAER 路由设计

8.3.1 普适网络编码条件

网络编码条件是网络编码感知路由用来发现路由之间的网络编码机会使用的一套规则。另外,网络编码条件影响着网络编码机会的数量和准确性,直接决定了网络编码感知路由对网络编码的利用能力。因此,网络编码条件是网络编码感知路由的基础和关键问题。

在深入研究普适网络编码条件的形式化定义之前,首先给出相关术语定义和引理。

无线传感器网络可以用图 $G(V,E)$ 表示,其中 V 表示传感器节点集,E 表示网络中传感器节点之间的无线链路集。对于任何一个节点 v,可以通过无线信道连接到节点 v 的节点集合用符号 $N(v)$ 表示,也称为节点 v 的邻居集合。如果一条数据流 f 流经节点 v,则有 $v \in f$。未编码的数据包称为原始数据包,而已编码的数据包称为编码数据包。实施网络编码的节点称为编码节点。如果一条数据流上没有编码节点,则该数据流称为原始数据流,否则称为编码数据流。

在 COPE 中,Sachi 等[15]提出了经典的网络编码结构,并给出了单跳网络编码条件 OCC(One Hop Network Coding Condition)。

引理 8-1　单跳网络编码条件 OCC

网络编码的充分和必要条件如下:对于编码包的每个下一跳节点,它具有足够的信息来解码编码包,从而正确得到其想要的原始数据包。

也就是说,只要每个编码包的下一跳节点能够成功地对编码包进行解码就可以进行网络编码。因此,OCC 从解码结果的角度来定义网络编码条件,其具有简单易行的特点,便于判断网络编码机会。然而,OCC 将编码结构限制在编码节点的 1 跳范围内,忽略了许多潜在的多跳范围的网络编码机会。

Le 等[17]扩展了编码拓扑的范围,并提出了多跳网络编码条件 MCC(Multihop Network Coding Condition)。

对于一条数据流 f,以及数据流 f 经过的一个节点 v,符号 $U(v, f)$ 表示在数据流 f 上节点 v 的上游节点集合,符号 $D(v,f)$ 表示在数据流 f 上节点 v 的下游节点集合。假定数据流 f 从源节点 S 到目的节点 D 的路径是 $S \rightarrow N_1 \rightarrow N_2 \rightarrow \cdots \rightarrow N_n \rightarrow v \rightarrow N_{n+1} \rightarrow N_{n+2} \cdots \rightarrow N_{n+m} \rightarrow D$,则有 $U(v,f) = \{S, N_1, \cdots, N_n\}$ 和 $D(v,f) = \{N_{n+1}, \cdots, N_{n+m}, D\}$。

引理 8-2　多跳网络编码条件 MCC

假定两条数据流 f_1 和 f_2 在节点 v 处相交,且信道条件和传输调度是理想的,那么 f_1 和 f_2 可以进行正确网络编码和解码的充分必要条件如下:

(1) $\exists\ d_1 \in D(v, f_1)$, such that $d_1 \in N(s_2)$, $s_2 \in U(v, f_2)$, or $d_1 \in U(c, f_2)$;

(2) $\exists\ d_2 \in D(v, f_2)$, such that $d_2 \in N(s_1)$, $s_1 \in U(v, f_1)$, or $d_2 \in U(c, f_1)$。

然而,如文献[18]分析的那样,MCC 在某些情况下,会出现解码失败的问题。Guo 等[18]在图 8-5 中给出了 MCC 解码失败的示例。从图 8-5 的分析可以清楚地看出,只有当 MCC 中的两条数据流 f_1 和 f_2 都是原始数据流时,MCC 才满足充分必要性。为了解决 MCC 存在的问题,Guo 等[18]提出了普通网络编码条件 GCC(General Network Coding Condition)。

引理 8-3 普通网络编码条件 GCC

对于一个潜在的网络编码节点 v,其普通网络编码条件如下:

(1)在考虑参与编码的数据流的节点 v 上游,存在可解码节点,可以提取节点希望得到的原始包,确保该数据流在到达 v 时的数据包为原始数据包。

(2)在该节点的编码功能相关联的其他流的节点 v 的下游,存在相关采集节点,这些采集节点可以监听到足够的数据包(原始包或编码包)进行解码,从而得到原始数据包。

GCC 是从图 8-5 分析推导得到的,只涉及一条编码流与一条原始流相交的情况。实际上,存在两条编码流在一个节点上相交的情况。另外,下游采集节点不仅要监听足够的数据包,还要考虑解码顺序,避免监听数据包的重复。

以图 8-6 中的场景为例。图 8-6 中有 4 条数据流用不同颜色的线和箭头标记。带箭头的虚线表示两个节点之间的监听关系。

在图 8-6a 中,依据 MCC 的定义,$flow_1$ 和 $flow_2$ 可以在节点 7 处编码,而 $flow_3$ 和 $flow_4$ 可以在节点 13 处编码。由于 $flow_2$ 和 $flow_3$ 都是编码流,且对于节点 9,没有上游节点来为节点 9 解码得到原始数据包,因此根据 GCC,节点 9 处不应该有网络编码机会。但是,从图 8-6a 中可以看出,$flow_2$ 和 $flow_3$ 可以在节点 9 处编码,并且每条数据流最终都可以获得其想要的原始数据包。

图 8-6b 说明了因为没有足够的数据包进行解码,而导致解码失败的场景示例。在图 8-6b 中,$flow_2$ 和 $flow_3$ 在节点 9 处编码。然而,由于 $flow_3$ 分别在节点 17 和节点 15 处监听到 P_2 和 P_4,$flow_3$ 的目的节点 17 最终可以获得编码包 $P_1 \oplus P_3$,而不是 $flow_3$ 想要的原始数据包 P_3。原因是 $flow_3$ 没有监听到 P_1 进行解码,从而导致解码失败。同样,$flow_2$ 的目的地节点 11 最终得到编码包 $P_2 \oplus P_4$,

而不是数据流 $flow_2$ 想要的原始数据包 P_2。

在修改图 8-6b 中节点 5、节点 6、节点 7 的相对位置后,可以得到图 8-6c。在图 8-6c 中,$flow_3$ 与 $flow_2$ 在节点 9 处编码,$flow_3$ 在节点 16、17、17 处分别监听得到数据包 P_2、P_4、$P_1 \oplus P_2$。$flow_3$ 似乎得到了足够的数据包以便对 $P_1 \oplus P_2 \oplus P_3 \oplus P_4$ 进行解码。但是很明显,节点 16 通过 P_2 与 $P_1 \oplus P_2 \oplus P_3 \oplus P_4$ 的异或,得到编码包 $P_1 \oplus P_3 \oplus P_4$。然后,节点 17 通过 P_4 与 $P_1 \oplus P_3 \oplus P_4$ 异或得到 $P_1 \oplus P_3$,或者通过 P_4、$P_1 \oplus P_2$ 与 $P_1 \oplus P_3 \oplus P_4$ 异或得到 $P_2 \oplus P_3$。在这种情况下,$flow_3$ 将无法获得原始数据包 P_3,尽管 $flow_3$ 似乎获得了足够的监听数据包来根据 GCC 进行解码。

从上述分析可以看出,GCC 是从图 8-5 中分析推导得到。在某些情况下,GCC 仍然存在编码机会丢失和解码失败的问题。因此,通过对 MCC、GCC 的深入分析,研究网络编码条件失效问题,进而提出具有普适性的网络编码条件是十分必要的。

在给出普适网络编码条件之前,首先对 MCC 进行分析。尽管已证实 MCC 存在解码失败问题。然而,MCC 也被证明是发现两条交叉原始数据流编码机会的一种简单而有效的方法。编码失败的问题只存在于编码流中。然而,图 8-6a 中存在一个有趣的现象,即可以根据 MCC 确定 $flow_2$ 和 $flow_3$ 在节点 9 处的编码机会。但是,$flow_2$ 和 $flow_3$ 都是在节点 9 之前编码的。也就是说,即使两条交叉的数据流是编码流,MCC 在一定条件下仍然成立。因此可以将 MCC 扩展到更宽松的条件约束。如果 MCC 中的下游节点能够监听到参与网络编码的数据包,那么相应的数据流必然能够在下游节点正确解码。基于此分析,提出了扩展的多跳网络编码条件 EMCC(Extended Multi-hop Network Coding Condition)。

在介绍 EMCC 之前,首先给出相关术语的定义。即将参与网络编码运算的数据包称为预编码包,网络编码运算后得到的数据包称为已编码包。EMCC 的目的是保证目的节点能够得到预编码包。

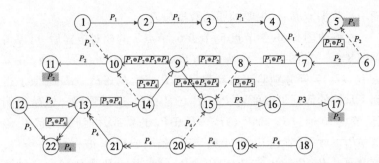

(a) Correct Decoding Scenario with Multiple Coding Using MCC

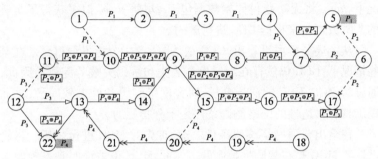

(b) Failed Decoding Scenario without Enough Packes for Decoding

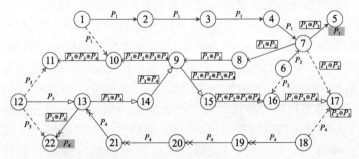

(c) Failed Decoding Scenario with Fake Enough Packets for Decoding

⟶ $flow_1$　⟶ $flow_2$　⇢ $flow_3$　⟹ $flow_4$　----→ $Overhearing$

图 8-6　GCC 问题示例及 EMCC 和 UCC 的提出动机

对于数据流 f 流经的节点 c，如果节点 c 对数据流 f 的数据包进行了网络编码运算，则节点 c 称为数据流 f 的编码节点。对于数据流 f 流经的节点 v，如果节点 v 收到数据流 f 的数据包为 P，则在

数据流 f 上的节点 s 第一个发送数据包 P,则称节点 s 为数据流 f 上节点 v 的初始节点。对于数据流 f 和 f 流经的节点 s,节点 v 在数据流 f 上的初始节点,用符号 $in(v,f)$ 表示。

对于数据流 f 和 f 上的一个节点 v,符号 $UI(v,f)$ 表示从节点 v 向上游遍历到 $in(v,f)$ 的节点集合。显然,如果 $U(v,f)$ 中没有编码节点,那么 $UI(v,f) = U(v,f)$。否则,$UI(v,f) \subseteq U(v,f)$,且 $UI(v,f)$ 由从节点 v 到向上游遍历到第 1 个编码节点的所有节点组成。

假设数据流 f 从源节点 S 到目的节点 D 的路径为 $S \to N_1 \to N_2 \cdots N_c \to N_{c+1}$ $N_{c+2} \cdots \to N_{n-2} \to N_{n-1} \to N_n \to v \to N_{n+1} \to N_{n+2} \cdots \to N_{n+m} \to D$,且 $in(v,f)$ 为 N_c,则有 $UI(v,f) = \{N_c \cdots, N_{n-1}, N_n\}$。

以图 8-6a 中的场景为例。$flow_2$ 和 $flow_3$ 在节点 9 处相交。在节点 9 之前,$flow_2$ 在节点 7 处已经与 $flow_1$ 编码,$flow_3$ 在节点 13 处已经与 $flow_4$ 编码。因此,$flow_2$ 和 $flow_3$ 都是编码流。且有 $in(9, flow_2) = 7$,$U(9, flow_2) = \{8,7,6\}$,$UI(9, flow_2) = \{9,8,7\}$,$in(9, flow_3) = 13$,$U(9, flow_3) = \{9,14,13,12\}$,$UI(9, flow_3) = \{9,14, 13\}$。

定理 8-1　扩展的多跳网络编码条件 EMCC

假设两条数据流 f_1 和 f_2 在节点 v 处相交,且信道条件和调度是理想的,那么 f_1 和 f_2 可以在节点 v 处执行正确网络编码和解码的充分条件如下:

（1）$\exists d_1 \in D(v, f_1)$,且有 $d_1 \in N(s_2)$,$s_2 \in UI(v, f_2)$,或 $d_1 \in UI(c, f_2)$;

（2）$\exists d_2 \in D(v, f_2)$,且有 $d_2 \in N(s_1)$,$s_1 \in UI(v, f_1)$,或 $d_2 \in UI(c, f_1)$。

证明:为了证明 EMCC 的充分性,将证明分为 3 种情况。

① 情况 $1:f_1$ 和 f_2 在节点 v 前未编码。

在这种情况下,有 $UI(v, f_1) = U(v, f_1)$ 和 $UC(v, f_2) = U(v, f_2)$,此时 EMCC 与 MCC 相同。因此,根据 MCC,（1）和（2）是 f_1 和 f_2 可以在节点 v 处执行网络的充分条件。

② 情况 $2:f_1$ 和 f_2 中的一条数据流在节点 v 前编码。

假设 f_1 在到达 v 之前编码，f_1 的编码包 P_c 到达节点 v，而 f_2 的原始包 P_2 到达节点 v。在这种情况下，有 $UI(v,f_2) = U(v,f_2)$。

假设(1)和(2)成立。根据(2)，d_2 接收到编码包$(P_c \oplus P_2)$，并拥有$(d_2 \in UI(c,f_1))$或监听到数据包 $P_c(d_2 \in N(s_1))$，那么 d_2 可以通过$(P_c \oplus P_2) \oplus P_c = P_2$ 计算解码得到 P_2。根据(1)，d_1 接收到编码包$(P_c \oplus P_2)$，并拥有或监听包到数据包 P_2，那么 d_1 可以通过 $(P_c \oplus P_2) \oplus P_2 = P_c$ 解码得到 P_c，对于数据包 P_c，根据(1)和(2)迭代，最终将会被解码为原始数据包。如果 f_2 在到达 v 之前编码，则证明过程类似。因此，f_1 和 f_2 可以在 v 处编码，f_1 和 f_2 都可以正确解码以获得预先编码的数据包。证明了 EMCC 的充分性。

③ 情况3：f_1 和 f_2 都在节点 v 之前编码。

假设(1)和(2)成立，f_1 和 f_2 的预编码包分别为 P_{c1} 和 P_{c2}。根据(1)，d_1 接收编码包$(P_{c1} \oplus P_{c2})$，并拥有$(d_1 \in UI(c,f_2))$或监听到数据包 $P_{c2}(d_1 \in N(s_1))$，那么 d_1 可以通过$(P_{c1} \oplus P_{c2}) \oplus P_{c2} = P_{c1}$ 计算解码得到 P_{c1}。同理，d_2 可以通过$(P_{c1} \oplus P_{c2}) \oplus P_{c1} = P_{c2}$ 计算解码得到 P_{c2}。然后 f_1 和 f_2 都能正确解码得到预编码的数据包。证明了 EMCC 的充分性。

以图 8-6a 中的场景为例说明 EMCC 的原理。在图 8-6a 中，$flow_2$ 和 $flow_3$ 在节点9处相交，有：① $10 \in D(9,flow_2)$，且有 $10 \in N(14)$，$14 \in UI(9,flow_3)$；② $15 \in D(9,flow_3)$，且有 $15 \in N(8)$，$8 \in UI(9,flow_2)$。根据 EMCC，可以在节点9处对 $flow_2$ 和 $flow_3$ 进行编码。节点10和节点15可以分别得到预编码包。图 8-6a 确认了基于 EMCC 的判断。

然而，EMCC 仅仅是网络编码的充分条件，无法确定是不是必要的网络编码条件。也就是说，当 f_1 和 f_2 可以在节点 v 处编码时，条件①和②是否成立无法确定。为了确定 EMCC 的不必要性，图 8-7 给出了一个反例。

在图 8-7 中，有4条数据流。根据 EMCC，$flow_1$ 和 $flow_3$ 可以在节点6处编码，而 $flow_2$ 和 $flow_4$ 可以在节点9处编码。此外，$flow_1$ 和 $flow_2$ 在节点12处相交，有 $UI(12,flow_1) = \{7\}$，$UI(12,flow_2) =$

$\{8\}$，$11 \in N(5)$，$13 \in N(10)$。也就是说，条件①和②不满足。根据 EMCC，不能在节点 12 处对 $flow_1$ 和 $flow_2$ 进行编码。然而，实际上可以在节点 12 处对 $flow_1$ 和 $flow_2$ 进行编码，因为节点 11 和节点 13 可以通过解码成功地获得原始数据包。因此，满足 EMCC 的条件①和②的 2 条数据流进行编码。但是，两个可以在相交节点处编码在一起的数据流可能不满足 EMCC 的条件①和②。换句话说，如果 2 条数据流可以编码，则不需要 EMCC 的①和②成立，即 EMCC 的①和②是充分条件，而不是必要条件。

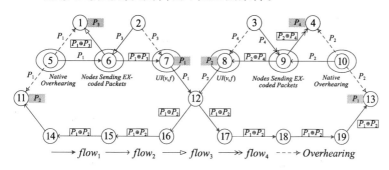

图 8-7　EMCC 的非必要性说明示例

通过对图 8-7 场景的分析，可以看出 EMCC 通过限制监听 $UI(v,f)$ 中节点的数据包，来确保监听到的数据包是参与网络编码的数据包，保证下游节点可以正确解码。但是，实际上监听节点也可以是 $UI(v,f)$ 中节点的上游节点，从而可以扩展 EMCC 中的监听范围。这促使我们提出了普适网络编码条件 UCC（Universal Network Coding Condition）。

假设节点 v 是节点 s 的邻居，那么 v 可以通过无线信道监听到 s 发送的数据包，节点 v 从 s 监听到的数据包记为 $OH(s)$。节点 s 称为被监听节点，节点 v 称为监听节点。使用符号 $\sum\limits_{i=1}^{m} OH(s_i)$ 表示多个参数的连续异或运算，即 $\sum\limits_{i=1}^{m} OH(s_i) = OH(s_1) \oplus OH(s_2) \cdots \oplus OH(s_m)$。假定 P_c 是 n 个原始数据包（$P_1, P_2, \cdots, P_n$）的异或运算

结果，$G(P_c)$ 是形成 P_c 的 n 个原始数据包的集合。假设数据流 f 上的一个节点 v 发送数据包 P，数据包 P 是 m 个原始数据包（P_1，P_2，$\cdots$，P_m）的异或运算结果。如果 $m < n$ 且 $G(P) \subset G(P_c)$，则称数据流 f 是 P_c 的相关流，节点 v 是 P_c 的相关节点，编码包 P_c 的相关节点集合记为 $RN(P_c)$。

定理 8-2 2 条数据流的普适网络编码条件 UCC – 2。

假设有 2 条数据流 f_1 和 f_2，其原始数据包分别为 P_1 和 P_2，f_1 和 f_2 在节点 v 处相交，且信道条件和调度是理想的。f_1 和 f_2 到达节点 v 的数据包分别是 P_1' 和 P_2'，且 $P_c = P_1' \oplus P_2'$。那么，f_1 和 f_2 可以进行网络编码和解码的充分必要条件如下：

（1） $\exists\, d_i \in D(v, f_1)$，有 $d_i \in N(s_{2i})$，$s_{2i} \in U(v, f_2) \cup RN(P_c)$，或 $d_i \in U(v, f_2)$，$i = 1, \cdots, m$，且有 $P_c \oplus \sum\limits_{i=1}^{m} OH(s_{2i}) = P_1$。

（2） $\exists\, d_j \in D(v, f_2)$，有 $d_j \in N(s_{1j})$，$s_{1j} \in U(v, f_1) \cup RN(P_c)$，或 $d_j \in U(v, f_1)$，$j = 1, \cdots, n$，且有 $P_c \oplus \sum\limits_{j=1}^{n} OH(s_{1j}) = P_2$。

证明：UCC – 2 的证明分为充分性证明和必要性证明 2 个部分。

充分性证明：假设（1）和（2）成立，f_1 和 f_2 在节点 v 处编码。对于数据流 f_1，在每个监听节点 d_i 处，d_i 可以通过 $P_c \oplus \sum\limits_{i=1}^{i} OH(s_{2i})$ 进行解码。然后在节点 d_m，d_m 可以通过 $P_c \oplus \sum\limits_{i=1}^{m} OH(s_{2i}) = P_1$ 得到原始数据包 P_1。同理，数据流 f_2 可以通过 $P_c \oplus \sum\limits_{j=1}^{n} OH(s_{1j}) = P_2$ 得到原始数据包 P_2。因此，f_1 和 f_2 都可以通过解码成功地得到原始数据包，因而 f_1 和 f_2 可以在节点 v 进行正确的网络编码和解码，证明了其充分性。

必要性证明：假设 f_1 和 f_2 可以在节点 v 处进行正确网络编码和解码，那么 f_1 和 f_2 应该都能够通过在监听节点处解码得到原始数据包。EMCC 要求被监听节点应该在 $UI(v, f)$ 中。但是图 8-7 中的场景说明,可以将被监听节点扩展到 $U(v,f)$。假设 f_1 上有 m 个监听节点。对于监听节点 $d_i \in f_1$,它可以从 f_2 上的被监听节点 s_{2i} 监听获得监听数据包 $OH(s_{2i})$。由于 f_1 最终可以得到原始数据包 P_1,编码包 Pc 在数据流 f_1 上沿着节点 v 的下游节点传输过程中,在每个节点 d_i 处解码,过程就像剥洋葱一样。最终在节点 d_m 处,通过 $P_c \oplus \sum_{i=1}^{i} OH(s_{2i})$ 得到原始数据包 P_1。因此,(1)成立。同理(2)也成立。必要性得证。

基于上述充分性和必要性的证明,UCC–2 的证明完成。

以图 8-7 和图 8-8 中的场景为例说明 UCC–2 的原理。在图 8-7 中,$flow_1$ 和 $flow_2$ 在节点 12 处相交。对于 $flow_1$ 和 $flow_2$,$P_c = P_1 \oplus P_2$,且有:① $13 \in D(12,flow_1)$,$13 \in N(10)$,$10 \in U(12, flow_2)$,$OH(10) = P_2$,$P_c \oplus P_2 = P_1$;② $11 \in D(12,flow_2)$,$11 \in N(5)$,$5 \in U(12,flow_1)$,$OH(5) = P_1$,$P_c \oplus P_1 = P_2$。因此,图 8-7 中的 $flow_1$ 和 $flow_2$ 根据 UCC 在节点 12 处可以进行网络编码,图 8-7 确认了这一判断。

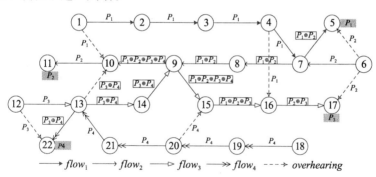

图 8-8 UCC–2 原理示例

图 8-8 中的场景与图 8-6b 中的场景相似,$flow_2$ 和 $flow_3$ 在节点 9 处相交,在节点 9 处生成 $P_c = P_1 \oplus P_2 \oplus P_3 \oplus P_4$。并有(1)$10 \in D(9,flow_2)$,$10 \in N(13)$,$13 \in U(9,flow_3)$;$10 \in D(9,flow_2)$,$10 \in N(1)$,$1 \in RN(P_c)$;$OH(13) = P_3 \oplus P_4$,$OH(1) = P_1$,$P_c \oplus OH(13) \oplus OH(1) = P_2$。(2)$15 \in D(9,flow_3)$,$15 \in N(20)$,$20 \in RN(P_c)$;

$16 \in D(9, flow_3)$，$16 \in N(4)$，$4 \in RN(P_c)$；$17 \in D(9, flow_3)$，$17 \in N(6)$，$6 \in U(9, flow_2)$；$OH(20) = P_4$，$OH(4) = P_1$，$OH(6) = P_2$，$P_c \oplus OH(20) \oplus OH(4) \oplus OH(6) = P_3$。因此，根据 UCC -2，$flow_2$ 和 $flow_3$ 可以在节点 9 处进行编码，每条数据流最终可以分别得到原始数据包。

定理 8-3 N 条数据流的普适网络编码条件（UCC – N）。

假设有 N 条数据流，$f_1, f_2, \cdots, f_N$，在节点 v 处相交，且信道条件和传输调度是理想的。N 条数据流进行网络编码和解码的充分必要条件是，对于 N 条数据流中的任意 2 条数据流 f_i 和 f_j（$i \neq j$）都满足 UCC -2。

证明：UCC – N 的证明分为充分性证明和必要性证明两部分。

（1）充分性证明

假设 N 条数据流中的任意 2 条数据流 f_i 和 f_j 满足 UCC -2，其原始数据包分别为 P_i 和 P_j，而到达节点 v 的数据包分别为 P_i' 和 P_j'。

根据 UCC -2，数据流 f_i 可以通过 $P_i' \oplus P_j' \oplus \sum\limits_{k=1}^{m_j} OH(s_{jk})$ 得到其原始数据包 P_i。假设 N 条数据流在节点 v 处编码，形成编码包 $P_c = P_1' \oplus P_2' \oplus \cdots \oplus P_N'$。假设 $i = 1$，有如下结果：

f_1 和 f_2 满足 UCC -2，则有

$$P_1' \oplus P_2' \oplus \sum_{k=1}^{m_2} OH(s_{2k}) = P_1, \quad P_1 = P_1' \oplus P_2' \oplus K_2$$

f_1 和 f_3 满足 UCC -2，则有

$$P_1' \oplus P_3' \oplus \sum_{k=1}^{m_3} OH(s_{3k}) = P_1, \quad P_1 = P_1' \oplus P_3' \oplus K_3$$

f_1 和 f_4 满足 UCC -2，则有

$$P_1' \oplus P_4' \oplus \sum_{k=1}^{m_4} OH(s_{4k}) = P_1, \quad P_1 = P_1' \oplus P_4' \oplus K_4$$

f_1 和 f_5 满足 UCC -2，则有

$$P_1' \oplus P_5' \oplus \sum_{k=1}^{m_5} OH(s_{5k}) = P_1, \quad P_1 = P_1' \oplus P_2' \oplus K_5$$

以此类推。

对应地,当 $N = 2$,则有

$$P_c = P'_1 \oplus P'_2 = P_1 \oplus \sum_{k=1}^{m_2} OH(s_{2k}),$$

$$P_1 = P_c \oplus \sum_{k=1}^{m_2} OH(s_{2k})$$

当 $N = 3$,则有

$$P_c = P'_1 \oplus P'_2 \oplus P'_3$$

$$= P_1 \oplus \sum_{k=1}^{m_2} OH(s_{2k}) \oplus P'_3$$

$$= P'_1 \oplus P'_3 \oplus \sum_{k=1}^{m_3} OH(s_{3k}) \oplus \sum_{k=1}^{m_2} OH(s_{2k}) \oplus P'_3$$

$$= P'_1 \oplus \sum_{k=1}^{m_3} OH(s_{3k}) \oplus \sum_{k=1}^{m_2} OH(s_{2k})$$

$$= P'_1 \oplus \sum_{k=1}^{m_3} OH(s_{3k}) \oplus \sum_{k=1}^{m_2} OH(s_{2k})$$

$$= P_1 \oplus P'_2 \oplus \sum_{k=1}^{m_2} OH(s_{2k}) \oplus \sum_{k=1}^{m_3} OH(s_{3k}) \oplus \sum_{k=1}^{m_2} OH(s_{2k})$$

$$= P_1 \oplus P'_2 \oplus \sum_{k=1}^{m_3} OH(s_{3k})$$

$$P_1 = P_c \oplus P'_2 \oplus \sum_{k=1}^{m_3} OH(s_{3k})$$

根据上述规则,依次类推,当 $N = 2k$ 时,有

$$P_c = P_1 \oplus \sum_{l=2}^{2k} K_l$$

$$P_1 = P_c \oplus \sum_{l=2}^{2k} K_l \tag{8-1}$$

当 $N = 2k + 1$ 时,有

$$P_c = P_1' \oplus \sum_{l=2}^{2k+1} K_l = P_1 \oplus P'_2 \oplus \sum_{l=3}^{2k+1} K_l$$

$$P_1 = P_c \oplus P'_2 \oplus \sum_{l=3}^{2k+1} K_l \tag{8-2}$$

因此,$flow_1$ 最终可以根据公式(8-1)和公式(8-2)得到原始数据包 P_1。同时,由于 $flow_1$ 是从 N 个数据流中随机选择的,所以每条数据流都可以最终得到原始数据包。因而 N 条数据流可以在节点 v 处进行编码,并且每条数据流最终都可以成功地解码。

(2)必要性证明

假设 N 条数据流可以在节点 v 处编码,那么每条数据流都可以通过解码分别获得其原始数据包。对于 N 条数据流中的任意 2 条数据流,f_i 和 $f_j(i! = j)$,有

$$P_c \oplus K = P_i \tag{8-3}$$

$$P_c \oplus M = P_j \tag{8-4}$$

式中,$P_c = P_1' \oplus P_2' \cdots \oplus P_i' \cdots \oplus P_j' \cdots \oplus P_N'$,$K$ 是数据流 f_i 监听到的数据包异或运算的结果,M 是数据流 f_j 监听到的数据包异或运算的结果。

编码包 P_c 可以用两部分表示为

$$
\begin{aligned}
P_c &= P_i' \oplus P_j' \oplus P_1' \cdots \oplus P_{i-1}' \oplus P_{i+1}' \cdots \oplus P_{j-1}' \oplus P_{j+1}' \cdots \oplus P_N' \\
&= P_i' \oplus P_j' \oplus P_{uij},
\end{aligned}
$$

式中,P_{uij} 是除去数据流流 f_i 和 f_j 的其他所有数据流到达节点 v 的数据包的异或运算结果,$P_{uij} = P_1' \cdots \oplus P_{i-1}' \oplus P_{i+1}' \cdots \oplus P_{j-1}' \oplus P_{j+1}' \cdots \oplus P_N'$。

此外,K 和 M 也可以用两部分表示,如 K 可表示为

$$K = K_j \oplus K_{uij},$$

其中 K_j 是与数据流 f_j 相关的被监听数据包的异或运算结果,而 K_{uij} 是与数据流 f_i 和 f_j 不相关的被监听数据包的异或运算结果。

类似的,M 可以表示为

$$M = M_i \oplus M_{uij},$$

其中 M_i 是与 f_i 相关的被监听数据包的异或运算结果,而 M_{uij} 是与数据流 f_i 和 f_j 不相关的被窃听数据包的异或运算结果。

有了 K 与 M,则式(8-3)和式(8-4)可以进一步表示为:

$$P_i' \oplus P_j' \oplus P_{uij} \oplus K_j \oplus K_{uij} = P_i' \oplus P_j' \oplus K_j \oplus (P_{uij} \oplus K_{uij}) = P_i \tag{8-5}$$

$$P_i' \oplus P_j' \oplus P_{uij} \oplus M_i \oplus M_{uij} = P_i' \oplus P_j' \oplus M_i \oplus (P_{uij} \oplus M_{uij}) = P_j \tag{8-6}$$

由于 P_{uij} 包含除数据流 f_i 和 f_j 以外的数据流的信息，而数据流 f_i 需要得到原始数据包 P_i，则 $P_{uij} \oplus K_{uij}$ 的运算结果应为全零。类似地，$P_{uij} \oplus M_{uij}$ 也应为全零。根据异或运算规则，式（8-5）和（8-6）可以简化为

$$P'_i \oplus P'_j \oplus K_j = P_i \qquad (8\text{-}7)$$

$$P'_i \oplus P'_j \oplus M_i = P_j \qquad (8\text{-}8)$$

实际上，K_j 可以表示为 $K_j = \sum_{p=1}^{m} OH(s_{jp})$，其中 s_{jp} 是 $U(v, f_j)$ 中的被监听节点。类似地，$M_i = \sum_{q=1}^{n} OH(s_{iq})$，其中 s_{iq} 是 $U(v, f_i)$ 中的被监听节点。公式（8-7）和公式（8-8）可以表示为

$$P'_i \oplus P'_j \oplus \sum_{p=1}^{m} OH(s_{jp}) = P_i, \qquad (8\text{-}9)$$

且 $\exists d_p \in D(v, f_i)$，使得 $d_p \in N(s_{jp})$，$s_{jp} \in U(v, f_j)$，或 $d_p \in U(v, f_j)$，$p = 1, \cdots, m$，

$$P'_i \oplus P'_j \oplus \sum_{q=1}^{n} OH(s_{iq}) = P_j \qquad (8\text{-}10)$$

且 $\exists d_q \in D(v, f_j)$，使得 $d_q \in N(s_{iq})$，$s_{iq} \in U(v, f_i)$，或 $d_q \in U(v, f_i)$，$q = 1, \cdots, n$。

根据式（8-9）和式（8-10），则 f_i 和 f_j 满足 UCC – 2。

基于以上的证明，UCC – N 的充分性和必要性得证。

典型网络编码条件与 UCC 的比较如表 8-1 所示。

表 8-1　典型网络编码条件与 UCC 比较

	OCC	MCC	EMCC	UCC – 2	UCC – N
参与编码数据流数目	不限	2	2	2	不限
是否已编码	无	无	不限	不限	不限
编码拓扑范围	1 跳	多跳	多跳	多跳	多跳

此外，尽快解码是 NAER 在进行编码数据包解码时的原则。以图 8-9 中的场景为例。图 8-9 中的情形与图 8-7a 中的情形相似。

$flow_1$ 和 $flow_2$ 可以在节点 7 处编码,而 $flow_3$ 和 $flow_4$ 可以在节点 13 处编码。但是,$flow_2$ 在节点 8 处解码,$flow_3$ 在节点 14 处解码。当 $flow_2$ 和 $flow_3$ 到达节点 9 时,它们都发送原始数据包。图 8-9 中使用了尽快解码原则,比图 8-7a 分析起来更清晰。

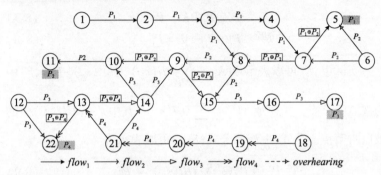

图 8-9　尽快解码原则原理示例

8.3.2　跨层网络编码感知原理

图 8-5b 展示了 GCC 对 MCC 的改进措施。为了让节点 5 能够进行网络编码,GCC 将节点 C 插入网络,如图 8-5b 和图 8-5c 所示,或者如图 8-5c 所示提高节点 2 的传输范围。然而,一般固定网络建立以后,不可能在网络中加入新节点。另一方面,拓扑控制和覆盖控制由于能源效率的要求,控制着网络中节点的传输范围或节点模式(休眠或工作),这在无线传感器网络中很常见。此外,跨层机制已成为提高网络整体性能的一种有效技术。因此,NAER 将网络编码机会发现机制与拓扑控制、覆盖控制相结合,尝试利用跨层机制来增加网络编码机会。

拓扑控制和覆盖控制算法实际会影响一些潜在网络编码机会的发现。以图 8-6b 中的场景为例,$flow_2$ 和 $flow_3$ 不能在节点 9 处编码,因为这两条数据流最终都不能获得原始数据包。然而,如果通过更新拓扑控制,增强节点 4 和 21 的传输范围,并让节点 16 和 10 分别听节点 4 和 21 的数据包,那么节点 11 和节点 17 可以正确地解码得到原始数据包 P_2 和 P_3,如图 8-10a 所示。

另一方面,如果通过覆盖控制算法唤醒休眠节点 N_1 和 N_2,且

节点 N_1 处于节点 9 和 10 之间, 节点 N_2 在节点 15 和 16 之间, 那么 $flow_2$ 和 $flow_3$ 可以通过解码成功获得原始数据包, 如图 8-10b 所示。

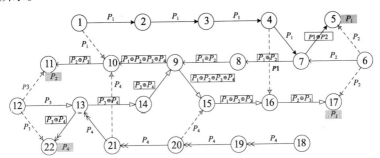

(a) Correct Decoding Using UCC after Topology Control Updating

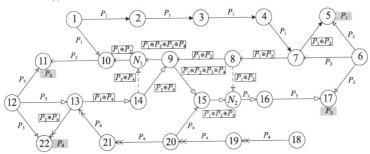

(b) Correct Decoding Using UCC after Convergence Control Updating

$\longrightarrow$ flow₁ $\longrightarrow$ flow₂ $\dashrightarrow$ flow₃ $\Longrightarrow$ flow₄ $\dashrightarrow$ overhearing

图 8-10　跨层网络编码感知增益示例

因此, 从图 8-10 可以清楚地看出, 通过将网络编码机会发现与拓扑控制和覆盖控制相结合, 可以进一步增加网络编码机会, 这促使 NAER 提出了跨层网络编码机会感知的思想。图 8-11 描述了 NAER 中跨层交互的原理, 处于网络层的 NAER 可以与拓扑控制、覆盖控制进行交互, 而拓扑控制和覆盖控制可以与 MAC 层、物理层交互控制节点的工作模式 (休眠与否)、发送功率等。

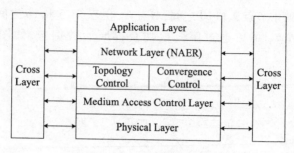

图 8-11　NAER 中跨层交互原理

8.3.3　网络编码感知能量高效路由度量 NERM

虽然增加网络编码机会数量是网络编码感知路由的一个目标,但是在 WSN 中编码机会最多的路由在能耗、每条无线链路质量或其他方面可能不是最佳的。因此,有必要设计一个综合的路由度量,综合考虑节点能量、网络编码机会和无线链路质量等因素。本章提出了一种网络编码感知节能路由度量 NERM(Network coding aware Energy efficient Routing Metric)。

由于能量高效是无线传感器网络协议设计的一个基本要求,因此 NERM 的设计从能量消耗的角度出发进行设计。假设 l_{ij} 是路由 R 上从节点 i 到节点 j 的无线连接,那么链接 l_{ij} 的 NERM 值, $NERM(l_{ij})$ 定义如下:

$$NERM(l_{ij}) = (SEC(i) + REC(j)) \times EF(i) \qquad (8\text{-}11)$$

式中, $SEC(i)$ 是节点 i 的发送能量消耗, $REC(j)$ 是节点 j 的接收能量消耗, $EF(i)$ 是节点 i 的能量因数。

假设路由 R 可以在节点 i 处与其他数据流进行编码,参与编码的数据流的数量为 $c(i)$,那么 $c(i)$ 条数据流的 $c(i)$ 个原始数据包可以编码为一个编码包,且仅需发送这 1 个编码包。因此,路由 R 在节点 i 处的能耗是编码包传输能耗的 $1/c(i)$。当 $c(i)$ 为 1 时,表示路由 R 在节点 i 处没有网络编码机会。

由于 l_{ij} 是无线链路,其发送和接收采用概率模型,即 l_{ij} 上的数据发送和接收可能不会一次成功。因此,使用期望传输数 $E(l_{ij})$ 来反映 l_{ij} 的链路质量。使用符号 $\phi(l_{ij})$ 表示在 l_{ij} 上成功完成一次传

输任务所需的传输次数,$E(l_{ij})$ 的计算如下:

$$E(l_{ij}) = \frac{1}{\sum_{k=0}^{+\infty} P(\phi(l_{ij}) > k)} \qquad (8\text{-}12)$$

使用符号 $ET(i)$ 表示节点 i 发送能耗强度,$ET(i)$ 的计算如下:

$$ET(i) = E^{TElec} + \varepsilon_{amp} d^\gamma \qquad (8\text{-}13)$$

式中,E^{TElec} 为单位数据发送能耗,ε_{amp} 为发送单位数据能耗放大系数,d 为发送端和接收端之间的距离,γ 为路径损耗系数,其值在 $[2,4]$ 内。

$SEC(i)$ 的计算如下:

$$SEC(i) = E(l_{ij}) \times \frac{1}{c(i)} \times ET(i) \qquad (8\text{-}14)$$

假设 $E^{RElec}(j)$ 是接收单位数据所消耗的能量,则 $REC(i)$ 计算如下:

$$REC(i) = E(l_{ij}) \times E^{RElec} \qquad (8\text{-}15)$$

在无线传感器网络中,一旦一个节点的能量耗尽,该节点将不再工作,不能发送或接收数据,从而导致路由中断。因此,NERM 应考虑路由上节点的能量,避免选择能量较少的节点,平衡网络中的能量消耗。使用符号 $EF(i)$ 表示节点 i 的能量系数,反映节点的能量水平。假设 $EL(i)$ 是节点剩余能量百分比,$EL(i)$ 计算如下:

$$EL(i) = \frac{E_r(i)}{E_t(i)} \qquad (8\text{-}16)$$

式中,$E_r(i)$ 是节点 i 的剩余能量,$E_t(i)$ 是节点 i 的初始总能量。

节点 i 的能量系数 $EF(i)$ 的计算公式为

$$EF(i) = e^{-EL(i)} \qquad (8\text{-}17)$$

基于链路 l_{ij} 的 NERM 值计算,路由 R 的 NERM 值计算如下:

$$NERM(R) = \sum_{l_{ij} \in R}^{R} NERM(l_{ij}) \qquad (8\text{-}18)$$

从公式(8-18)可以看出,参与编码的数据流数量越多,链路质量越好,剩余能量百分比越大,则路由 R 的 NERM 值越小,意味着路由能耗越低,路由性能越好。与其他网络编码感知路由的路由度量相比,NERM 具有以下特点:① NERM 综合考虑编码机会、链路质量和节点能量,而不是单纯追求编码机会的增加;② NERM 的计算基于能量消耗,这对能量约束的无线传感器网络而言至关重要;③ 路径 NERM 值计算可以在路由发现阶段后分布式实现,源节点根据路径的 NERM 值选择路由。

8.3.4 NAER 详细步骤

本节介绍 NAER 的流程和实现细节。

在 NAER 中,每个节点维护以下数据元素:

(1)邻居表(Neighbor Table,NT):用于记录邻居节点的信息,包括活动邻居节点的 ID 和状态、拓扑控制导致的暂时无法访问的邻居节点信息、覆盖控制导致的休眠邻居节点信息。

(2)循环缓冲队列(Cycle Buffer Queue,CBQ):用于存储从邻居节点监听到的数据包。

(3)数据流表(Flow Table,FT):记录流经当前节点的数据流的详细信息,包括数据流 ID、这些数据流上每个节点 ID 以及数据流上每个节点的邻居节点信息。

(4)监听状态(Overhearing State,OHS):它是一个布尔型值,设置为 hear,表示该节点可以监听和缓存来自邻居的数据包,unhear 意味该节点不会从邻居那里监听数据包。在网络的初始阶段,所有节点都被设置为 unhear 状态。

(5)路由表(Routing Table,RT):存储从当前节点到网络中其他节点的路由信息。

当网络中的节点通电后,每个节点使用最大传输功率发送一个带有其 ID 的探测包。接收到探测包后,每个节点将探测包中的 ID 存储到其 NT 中。但是,在覆盖控制后,有些节点可能会被设置为休眠状态,而通过拓扑控制调整其传输功率后,有些节点的传输范围可能会缩小。因此,应该在覆盖控制和拓扑控制之后更新邻居状态。

在其他编码感知路由中,编码机会通常在路由应答阶段的中间节点计算,即沿路由请求阶段发现的反向路径进行传输的过程中进行计算。但是,NAER 允许在一条路径上有多个编码节点。如果 NAER 的编码机会计算像其他编码感知路由一样,则在计算上游节点的编码机会时,下游节点上已计算的编码机会可能会变为虚假编码节点,进而导致解码失败的问题。因此,NAER 的编码机会计算应该沿着路由请求阶段发现的路径正向进行,而不是按照相反的顺序进行。

还有一个疑问,是否可以在源节点 S 处进行网络编码机会计算。然而,根据 UCC – 2 和 UCC – N,要计算一个节点的编码机会,当前节点必须了解流经当前节点的数据流流信息和数据流上每个节点的相邻节点的信息。如果在源节点 S 计算编码机会,则需要收集所有上述信息发送到 S,这些信息内容较多,会消耗较多能量。

因此,NAER 的路由发现引入了 2 个新的步骤,即编码机会计算阶段和编码回复阶段 2 个附加阶段,并以分布式方式计算编码机会,避免相关信息传输到源节点 S。

当一个源为节点 S,目的地为节点 D 的新数据流被注入网络,并且节点 S 的 RT 中没有到节点 D 的路由表项时,节点 S 开始路由发现过程。NAER 路由发现过程包括 6 个阶段:路由请求;路由回复;编码机会计算;编码回复;路由和编码确认;路由和编码回复。

NAER 的详细步骤描述如下:

(1) 路由请求

源节点 S 生成路由请求报文 RREQ(Route REQuest)并将其广播给邻居节点。NAER 中的 RREQ 报文结构如图 8-12 所示。字段"Type"表示报文的类型;RREQ 的长度在字段"Length"中给出;字段"RREQ_ID"是 RREQ 报文的 ID;"Source_ID"和"Destination_ID"分别是源节点 ID 和目的节点 ID;RREQ 遍历的每个节点 ID 都记录在字段"Forward_ID"中。

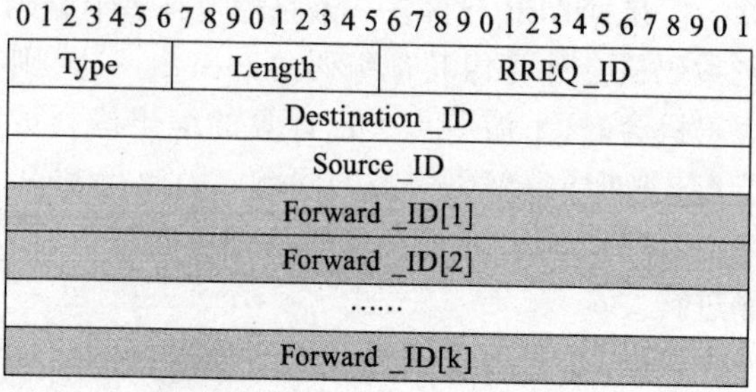

0 1 2 3 4 5 6 7 8 9 0 1 2 3 4 5 6 7 8 9 0 1 2 3 4 5 6 7 8 9 0 1

Type	Length	RREQ_ID
Destination_ID		
Source_ID		
Forward_ID[1]		
Forward_ID[2]		
......		
Forward_ID[k]		

图 8-12   RREQ 报文结构

在接收到 RREQ 后,中间节点 v 进行如下操作:

① 如果节点 v 之前已经收到一条具有相同 RREQ_ID 的 RREQ 报文,则节点 v 将丢弃最新收到的 RREQ。

② 在 RREQ 中插入节点 v 的 ID。

③ 广播更新后的 RREQ 报文,以发现剩余路径。

(2)路由回复

当 RREQ 到达目的节点 D 时,D 执行如下操作:

① 复制 RREQ 采集的路径上节点的 ID,创建对应的 RREP 报文,其结构如图 8-13 所示。

② 沿 RREQ 发现的反向路径将 RREP 单播传输到源节点 S。

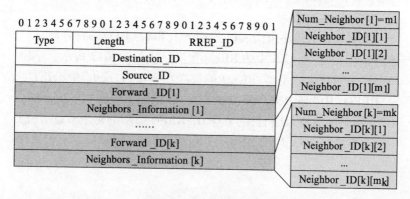

图 8-13   RREP 报文结构

如图 8-13 所示,字段"RREP_ID"是 RREP 报文的 ID;"Neighbors _ Information"字段存储当前节点的邻居数量和每个邻居的 ID；RREP 的其余字段与 RREQ 相同。

（3）编码机会计算

节点 S 在接收到 RREP 报文后，设置一个定时器 T_S，并为 T_S 内到达的每个 RREP 创建路由编码机会计算报文 RCOC（Route Coding Opportunity Calculation），RCOC 的结构如图 8-14 所示。然后，按照 RREQ 发现的路径将 RCOC 单播到目的节点 D。

如图 8-14 所示，"RCOC"字段是 RCOC 的 ID；"Energy _ Percent"表示当前节点的剩余能量百分比；"Link _ Quality"表示链路从当前节点到下一跳的成功传输概率；"Link _ Distance"表示当前节点到下一跳的距离。此外，"Code _ State"字段是 bool 类型值，它指示流经当前节点的数据流能否与发现的路径在当前节点进行编码。如果"Code _ State"设置为真，"Num _ Code"将给出参与网络编码的数据流数目，"Code _ Flow _ Information"给出涉及网络编码的数据流的 ID，"Overhear _ Information"字段将保存涉及监听的节点的 ID。

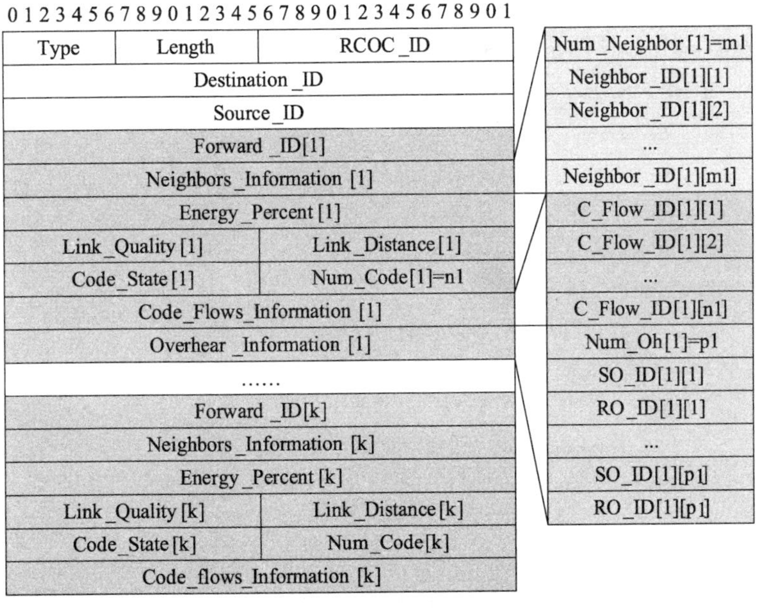

```
0 1 2 3 4 5 6 7 8 9 0 1 2 3 4 5 6 7 8 9 0 1 2 3 4 5 6 7 8 9 0 1
```

Type	Length	RCOC _ID		Num_Neighbor [1]=m1
Destination _ID				Neighbor _ID[1][1]
Source _ID				Neighbor _ID[1][2]
Forward _ID[1]				...
Neighbors _Information [1]				Neighbor _ID[1][m1]
Energy _Percent [1]				C_Flow_ID[1][1]
Link_Quality [1]		Link _Distance [1]		C_Flow_ID[1][2]
Code_State [1]		Num_Code[1]=n1		...
Code _Flows _Information [1]				C_Flow_ID[1][n1]
Overhear _Information [1]				Num_Oh[1]=p1
......				SO_ID[1][1]
Forward _ID[k]				RO_ID[1][1]
Neighbors _Information [k]				...
Energy _Percent [k]				SO_ID[1][p1]
Link _Quality [k]		Link _Distance [k]		RO_ID[1][p1]
Code_State [k]		Num_Code[k]		
Code _flows _Information [k]				

图 8-14　RCOC 报文结构

在接收到 RCOC 报文后,中间节点 v 执行如下运算:

① 采集节点 v 的剩余能量百分比、v 到下一跳的链路质量和距离,更新 RCOC 中的相关字段。

② 如果节点 v 的 FT 不为空,则根据 RCOC 报文中的"Neighbors_Information"字段信息和节点 v 的 FT 信息,执行算法 8-1 所示的网络编码机会计算算法。

③ 如果对 RREQ 发现的路径在节点 v 处存在编码机会,则将"Code_State"字段设置为 true,并根据算法 8-1 的结果更新"Num_Code""Code_Flow_Information""Overhear_Information"字段。

算法 8-1:编码机会计算算法

输入:Intermediate Node v, the path p in RREQ, v's *FlowTable$_v$* and *NeighborTable$_v$*,

输出: $Result = <CodeSet, Num, HearRev, TS>$

$Result = \emptyset$; $HearSend = \emptyset$; $HearRev = \emptyset$; $Num = 0$;

$FlowSet = \{f_i | f_i \ in \ FlowTable_v\}$; $fNum = |FlowSet| = m$; $CodeChoice = \emptyset$;

$CodeSet = \{p\}$;

While $|FlowSet|! = 0$

    If $\exists f_i \in FlowSet$ and $\forall f_j \in CodeSet$ satisfy UCC -2 then

        $CodeSet = CodeSet \cup \{f_i\}$;

        Update HearSend and HearRev according to UCC -2;

        $m = m - 1$;

        $FlowSet = FlowSet - \{f_i\}$;

    Else If $CodeSet! = \{p\}$

        $CodeChoice = CodeChoice \cup \{CodeSet\}$;

        $CodeSet = \{p\}$;

    Else

        Break;

    End If

    End If

End While

Inert the common inactive neighbor node into the p and form new path p'.

$FlowSet = \{f_i \mid f_i \; in \; FlowTable_v\}$; $fNum = |FlowSet| = m$; $CodeChoice' = \emptyset$;

$CodeSet' = \{p'\}$;

While $|FlowSet|! = 0$

    If $\exists f_i \in FlowSet$ and $\forall f_j \in CodeSet'$ satisfy UCC – 2 then

        $CodeSet' = CodeSet' \cup \{f_i\}$;

        Update $HearSend$ and $HearRev$ according to UCC – 2 ;

        $m = m - 1$;

        $FlowSet = FlowSet - \{f_i\}$;

    Else If $CodeSet! = \{p'\}$

        $CodeChoice' = CodeChoice' \cup \{CodeSet'\}$;

        $CodeSet = \{p'\}$;

    Else

        Break ;

    End If

    End If

End While

$CodeChoice = CodeChoice \cup CodeChoice'$;

If $CodeChoice! = \emptyset$ &&

        $\exists OptChoice \in CodeChoice$, $OptChoice$ has maximum number of flows

    $CodeSet = OptChoice$;

    $Num = |OptChoice|$;

    $TS = \{n_i \mid n_i \in HearSend$, State of n_i is not Active$\}$;

    $CS = \{n_i \mid n_i \in HearSend \cup Hearrev$, $n_i \in p'$, State of n_i is not Active $\}$;

End If

Return $Result = \langle CodeSet, \; Num, \; TS, \; CS \rangle$;

（4）编码应答

当节点 D 收到 RCOC，节点 D 执行如下运算：

① 根据 RCOC 中的信息创建路由和编码机会回复报文 RCOR（Route and Coding Opportunity Reply）。RCOR 的结构如图 8-15 所示。很明显，RCOR 的结构与 RCOC 的结构几乎相同，除了"Neighbors_Information"字段，因为该字段对于计算 NERM 值并不重要。

② 沿 RREQ 发现的反向路径单播 RCOR 报文。

③ 中间节点转发 RCOR,不做任何修改。

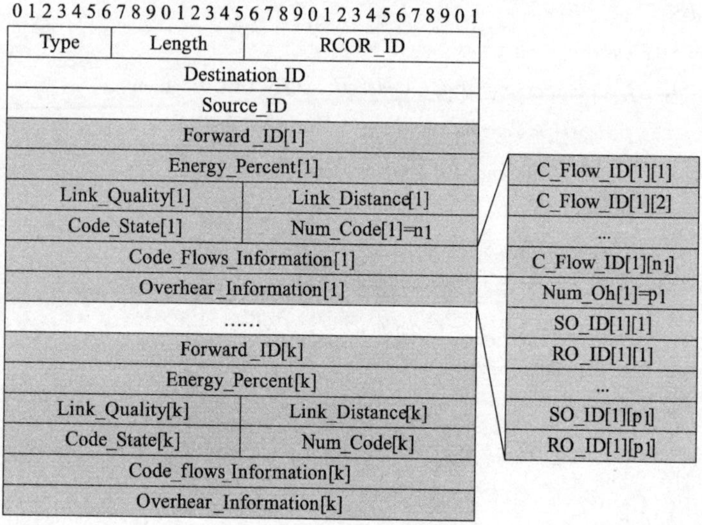

0 1 2 3 4 5 6 7 8 9 0 1 2 3 4 5 6 7 8 9 0 1 2 3 4 5 6 7 8 9 0 1

Type	Length	RCOR_ID
Destination_ID		
Source_ID		
Forward_ID[1]		
Energy_Percent[1]		
Link_Quality[1]	Link_Distance[1]	
Code_State[1]	Num_Code[1]=n1	
Code_Flows_Information[1]		
Overhear_Information[1]		
……		
Forward_ID[k]		
Energy_Percent[k]		
Link_Quality[k]	Link_Distance[k]	
Code_State[k]	Num_Code[k]	
Code_flows Information[k]		
Overhear_Information[k]		

C_Flow_ID[1][1]
C_Flow_ID[1][2]
...
C_Flow_ID[1][n1]
Num_Oh[1]=p1
SO_ID[1][1]
RO_ID[1][1]
...
SO_ID[1][p1]
RO_ID[1][p1]

图 8-15　RCOR 报文结构

（5）路由和编码确认

当 S 收到 RCOR 时,节点 S 执行如下操作:

① 计算存储在 RCOR 中的路径的 NERM 值。

② 选择具有最小 NERM 值的路径作为最终路由,更新 RT。

③ S 创建路由编码确认报文 RCON(Routing and Coding cON-firm),单播到 D 节点,RCON 结构如图 8-16 所示。与 RCOR 相比,RCON 的结构中删除了与 NERM 值计算相关的字段,如"能量百分比""链路质量""链路距离"等字段。

当中间节点 v 接收到 RCON 时,节点 v 将执行如下操作:

① 根据 RCON 中保存的路径信息更新其 FT。

② 如果节点 v 的 ID 在 SO_ID 内,则将节点 v 的工作模式设置为监听 RO_ID 中节点发送的数据包。

③ 如果 TS 不为空,则执行拓扑控制机制,要求 TS 中的节点增加传输范围。如果 CS 不为空,则执行覆盖控制机制以唤醒 CS 中的节点。

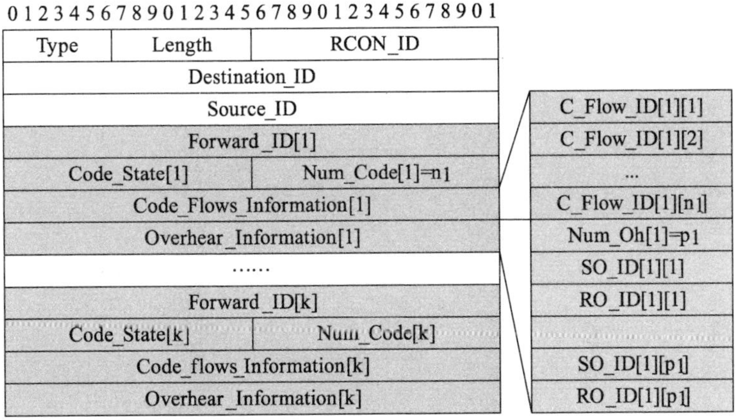

0 1 2 3 4 5 6 7 8 9 0 1 2 3 4 5 6 7 8 9 0 1 2 3 4 5 6 7 8 9 0 1

Type	Length	RCON_ID			
Destination_ID					
Source_ID				C_Flow_ID[1][1]	
Forward_ID[1]				C_Flow_ID[1][2]	
Code_State[1]		Num_Code[1]=n1		...	
Code_Flows_Information[1]				C_Flow_ID[1][n1]	
Overhear_Information[1]				Num_Oh[1]=p1	
......				SO_ID[1][1]	
Forward_ID[k]				RO_ID[1][1]	
Code_State[k]		Num_Code[k]			
Code_flows_Information[k]				SO_ID[1][p1]	
Overhear_Information[k]				RO_ID[1][p1]	

图 8-16　RCON 报文结构

（6）路由和编码应答

当节点 D 收到 RCON 时，节点 D 执行如下操作。

① 创建路由编码回复报文 RACK（Route and coding ACKnowl-edgement），并将 RACK 单播到源节点 S。RACK 报文结构如图 8-17 所示。RACK 的结构与 RREQ 相似，删除了不必要的字段，以减少数据传输量。

② 当 S 接收到 RACK 时，开始使用 RT 中的路由发送数据。

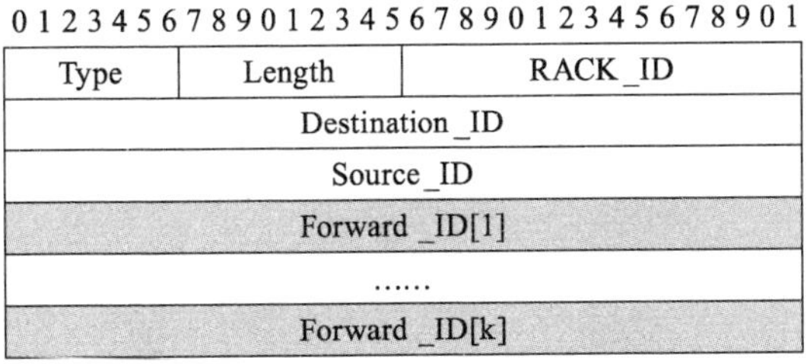

0 1 2 3 4 5 6 7 8 9 0 1 2 3 4 5 6 7 8 9 0 1 2 3 4 5 6 7 8 9 0 1

Type	Length	RACK_ID
Destination_ID		
Source_ID		
Forward_ID[1]		
......		
Forward_ID[k]		

图 8-17　RACK 报文结构

图 8-18 给出了 NAER 路由的路由发现全过程的流程图。从纵向看，图 8-18 分别给出了源节点 S、中间节点 v、目的节点 D 在每个步骤的相关操作。从横向看，图 8-18 给出了 NAER 路由发现过程中 6 个步骤，以及每个步骤的操作流程。

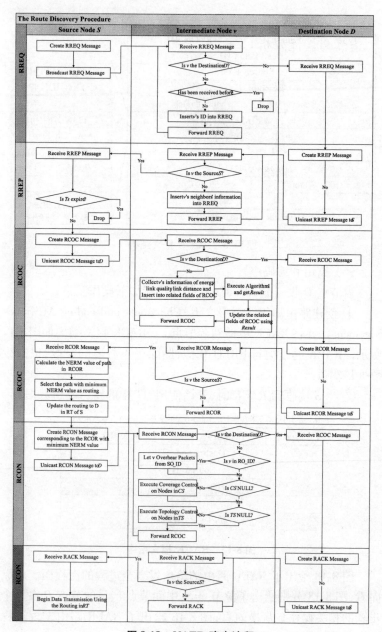

图 8-18　NAER 路由流程

8.4　仿真与性能分析

8.4.1　仿真参数设置

为了评估 NAER 路由的性能,使用 NS2 对 NAER 路由进行了仿真。此外,为了对比分析 NAER 性能,对 COPE[15]、DCAR[17] 和 FORM[18] 也进行了仿真。为了分析 NAER 在不同拓扑结构下的性能,考虑了两种仿真网络场景。

(1) 场景 1:100 个节点组成一个 10 × 10 的网格网络,统一部署在 500 m × 500 m 的正方形区域内,此时没有拓扑控制或覆盖控制,所有节点都处于活动状态。E^{TElec} 的值设置为 50 nj/bit。

(2) 场景 2:150 个节点均匀部署在 500 m × 500 m 的正方形区域内, 拓扑控制采用经典的 NSS 算法 (Node Scheduling Scheme)[29], 覆盖控制采用传统的 LMA 算法 (Local Mean Algorithm)[30]。

节点的 MAC 层采用 IEEE802.15.4,信道容量为 250 kbps,发送队列大小为 100。另外,数据包大小为 128 Byte。网络中的数据流设置为 CBR 类型,数据流速率为 8 kbps。每条 CBR 流的源节点和目标节点从活动网络节点中随机选取。其他仿真参数如表 8-2 所示。在仿真中,为了分析不同网络负载下的路由性能,逐渐增加数据流的数目。

表 8-2　仿真参数设置

仿真参数	数值
MAC 层协议	IEEE 802.15.4
传输层协议	UDP
应用层数据流	CBR
信号传输范围	50 m
信号干扰范围	100 m
信道容量	250 kbit/s

续表

仿真参数	数值
输出对队列类型	FIFO
缓冲容量	50 Packets
数据包大小	128 Byte
初始能量	100 J
E^{TElec} (Normal, Max)	50 nJ/bit, 100 nJ/bit
E^{RElec}	50 nJ/bit
ε_{amp}	10 pJ/(bit/m^2)
γ	2
仿真区域	500 m × 500 m
仿真时间	1 000 s

8.4.2 仿真结果分析

8.4.2.1 网格网络

图 8-19 显示了网格网络中不同数据流数目下 4 种路由的网络吞吐量比较。很明显,随着数据流数量的增加,网络吞吐量逐步增加,但是 NAER 相对其他路由的优势较为明显。当网络中有 20 条数据流时,NAER 的网络吞吐量比 COPE 高 9.85%,比 DCAR 高 6.62%,比 FORM 高 3.57%。当数据流增加到 40 条时,NAER 比 COPE 高 29.07%、比 DCAR 高 15.63%、比 FORM 高 6.73%。

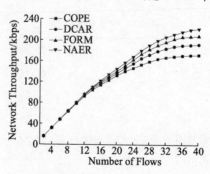

图 8-19 网格网络中不同数据流数目下网络吞吐量比较

原因是当数据流数目较少时,网络编码机会很少,导致 4 种路由的网络吞吐量相当。然而,随着数据流数目的增加,数据流之间的交叉和重叠机会随之增加,从而在路由之间产生更多的编码机会。DCAR、FORM 和 NAER 作为网络编码路由,可以发现和利用编码机会,节省带宽,减少干扰,最终提高网络吞吐量。而 COPE 只能在已建立的路由中发现编码机会,忽略了许多潜在的编码机会,在 4 种路由中 COPE 的网络吞吐量最低。此外,与 DCAR 和 FORM 相比,NAER 具有更好的吞吐量,因为 NAER 改进了 DCAR 和 FORM 的网络编码条件,提出了 UCC 来增加编码机会的数量,并保证编码包的可解码性,避免无法解码的问题。

图 8-20 给出了网格网络中不同数据流数目下的平均端到端延时比较。很明显,随着数据流数目的增加,4 种路由的平均端到端延时逐渐增长。由于网络编码感知路由的路由发现中存在额外的编码机会发现过程,当数据流数目小于 28 时,DCAR、FORM 和 NAER 的平均端到端延时比 COPE 大。当数据流数目超过 30 时,4 种路由的平均端到端延时增长速度加快。这一现象背后的原因是,当数据流数目超过 30 时,网络中更容易发生拥塞。由于 NAER 发现了更多的编码机会,节省了节点带宽,因此当数据流数目超过 32 时,与其他 3 种路由相比,其延时最小。

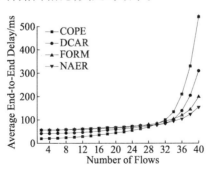

图 8-20　网格网络中不同数据流数目下平均端到端延时比较

单位数据包能耗是节点总能耗与所有传输数据包数量的比率。图 8-21 显示了 4 中路由在不同数据流数目下的单位数据包能耗比较。很明显,当数据流数目较小时,NAER 相比其他路由有一点优势。当数据流数目增加时,NAER 比其他 3 种路由的优势逐步扩大。这种现象有两个方面的原因:一方面,NAER 提出了 UCC,利用了更多的编码机会,从而减少了更多的传输数量,实际降低了单位数据包的能耗;另一方面,与其他 3 种路由相比,NAER 可以保证编码包的可解码性,避免重传造成的能量浪费。

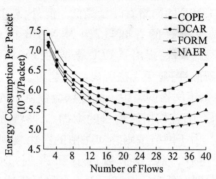

图 8-21　网格网络中不同数据流数目下单位数据包能耗比较

仿真中的网络生存时间定义为从网络开始运行,到第一个传感器节点耗尽能量死亡的时间。图 8-22 显示了网格网络中不同数据流数目下的网络生存时间。

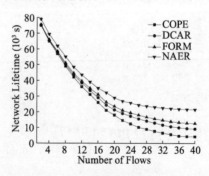

图 8-22　网格网络中不同数据流数目下网络生存时间比较

从图 8-22 可以看出,当数据流数目小于 12 时,4 种路由的网络生存时间较为接近。随着数据流数目的增加,4 条曲线之间的间

隙逐步变大。此外,NAER 的网络生存时间总是比 COPE、DCAR 和
FORM 长,特别是当数据流数目较大时,说明 NAER 具有更好的能
耗性能。原因是 NAER 提出了考虑节点能量和平衡网络能量消耗
的路由度量 NERM。此外,通过使用 UCC,NAER 可以发现更多的
编码机会,从而减少传输次数,节省节点能耗。

编码包百分比计算为编码包总数除以网络传输数据包总数,
可以反映网络传输中编码包的近似数量。网格网络中不同流量下
的编码包百分比如图 8-23 所示。从图 8-23 可以明显看出,当数据
流数量小于 6 时,由于编码机会较少,4 种路由的编码包百分比是
相近的。随着数据流数目的增加,4 种路由的编码包百分比逐渐上
升。当数据流数量大于 8 时,由于与其他路由相比发现的编码机
会较少,因此 COPE 的编码包百分比远小于 DCAR、FORM 和
NAER。当数据流数量大于 16 时,DCAR、FORM 和 NAER 之间的
差距变大,是因为 NAER 提出了从 DCAR 和 FORM 改进的 UCC,可
以发现更多潜在的编码机会。

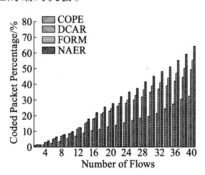

图 8-23 网格网络中不同数据流数目下编码包百分比比较

由于 NAER 能够通过 UCC 发现更多的编码机会,因此有必要
根据编码条件对 NAER 中的编码机会进行分类分析。事实上,
NAER 中的所有编码机会都是基于 UCC 发现的。这里编码机会的
分类是指,对 NAER 中的网络编码机会,依次利用 MCC、EMCC、
UCC-2 或 UCC-N 来判断是否存在编码机会。如果 MCC 可判定
存在编码机会,则该编码机会属于 MCC。如果 MCC 无法判定存在

网络编码机会,但是用 EMCC 可以断定存在网络编码机会,则该编码机会属于 EMCC。分类方法依次类推。分类的目的是分析 UCC - 2 和 UCC - N 对编码机会发现的贡献,并与 MCC、EMCC 比较。网络中不同数据流数目下 NAER 的编码机会的不同编码条件百分比比较如图 8-24 所示。

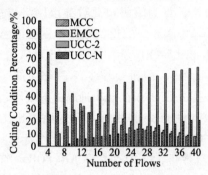

图 8-24　网格网络中不同数据流数目下 NAER 路由不同编码条件比例比较

有趣的是,图 8-24 中随着流量的增加,不同的编码条件有不同的趋势。当有 2 个流量时,MCC 为 100%。但是,随着数据流数目的增加,MCC 的比例急剧下降,因为 MCC 要求两个相交的流量在相交节点之前都未编码,这在数据流数目较多的网络中是很难满足的。当数据流数目为 8 时,EMCC 达到最大值并开始减少,因为 EMCC 对数据流是否在相交节点之前编码没有限制,但严格限制了监听节点,因此随着数据流数量的增加,编码机会减少。当数据流数目在 6 到 16 之间时,UCC - 2 迅速增加。当数据流数目超过 16 时,UCC - 2 超过 40%,增长较慢,但远大于其他编码条件,因为 UCC - 2 可以找到许多 MCC 和 EMCC 无法发现的潜在编码机会。UCC - N 发现的编码机会通常涉及多条流。随着数据流数量的增加,多条流在一个节点上相交的概率增大,UCC - N 的编码条件百分比逐渐上升。

8.4.2.2　随机网络

图 8-25 显示了随机网络中不同数据流数目下的网络吞吐量比较。从图 8-25 可以看出,随机网络中所有 4 种路由的网络吞吐量

变化趋势与网格网络中的变化趋势相似。在不同数据流数目下，网络编码感知路由 DCAR、FORM 和 NAER 的网络吞吐量优于 COPE。同时，NAER 具有最佳的网络吞吐量，其相对于 FORM 的优势比图 8-19 所示网格网络场景下更为明显。其原因是 NAER 可以通过与拓扑控制和覆盖控制的跨层交互，发现更多的编码机会，从而进一步节省节点带宽，提高网络吞吐量，特别是在数据流数目较大时。

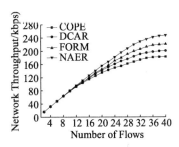

图 8-25　随机网络中不同数据流数目下网络吞吐量比较

图 8-26 描述了随机网络中不同数据流数目下的平均端到端延时比较。

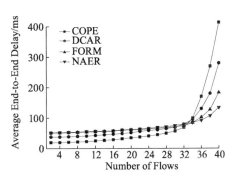

图 8-26　随机网络中不同数据流数目下平均端到端延时比较

从图 8-26 可以看出，由于网络编码感知路由所必需的额外编码/解码操作，当数据流流的数量小于 32 时，DCAR、FORM 和 NAER 的端到端延时大于 COPE。当数据流数量大于 34 时，4 种路由的平均端到端延时急剧增加。但是,与其他路由相比,NAER 的增长最慢,因为 NAER 可以发现更多的编码机会,节省节点带宽以推迟网络拥塞。此外,当数据流数目在 34 到 40 之间时,NAER 与 FORM 之间的差距大于对应的图 8-20 中两者的差距,因为随机网络中的 NARE 可以利用跨层技术来发现更多的编码机会,从而进一步提高 NAER 的平均端到端延时性能。

图 8-27 显示了随机网络中不同数据流数目下单位数据包能耗比较。由图 8-27 可以看出,4 种路由的变化趋势与图 8-21 所示网格网络场景相似。当数据流数目为 2 时,4 种路由的单位数据包能耗相当。4 种路由的单位数据包能耗先降低,当数据流数目大于 26 时,4 种路由的单位数据包能耗开始增加。当数据流数目大于 2 时,NAER 总是具有最低的单位数据包能耗,因为 NAER 可以发现最多的编码机会,从而减少传输次数,最终降低单位数据包能耗。

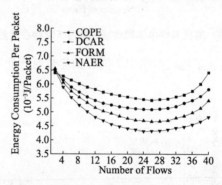

图 8-27　随机网络中不同数据流数目下单位数据包能耗比较

图 8-28 显示了随机网络中不同数据流数目下的网络生存时间。如图 8-28 所示,4 种路由的网络生存时间变化趋势与图 8-22 所示网格网络场景相似。随着数据流数目的增加,4 种路由的网络生存时间逐渐缩短。当数据流数目大于 16 时,NAER 比其他 3 种路由的优势更为明显,甚至大于图 8-22 所示的网格网络场景。除图 8-22 分析的原因外,另一个原因是随机网络中的 NAER 与网格网络中的 NAER 相比,通过与拓扑控制和覆盖控制的交互,可以发

现更多的编码机会。

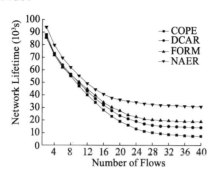

图 8-28　随机网络中不同数据流数目下网络生存时间比较

图 8-29 显示了随机网络中不同数据流数目下的编码包百分比。从图 8-29 可以明显看出,4 种路由的编码包百分比随着数据流数目的增加而增加。当数据流数目增加时,NAER 比其他 3 种路由具有更大的优势。此外,当数据流数目相同时,图 8-29 中的 NAER 值高于图 8-23 中的 NAER 值。NAER 的变化曲线表明,NAER 能够充分利用大多数编码机会,因为它基于 UCC 检测编码机会,并与拓扑控制和覆盖控制相互作用,以增加编码机会,这与前述分析是一致的。

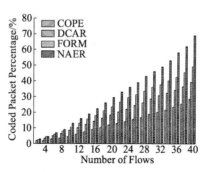

图 8-29　随机网络中不同数据流数目下编码包百分比比较

图 8-30 给出了随机网络中不同数据流数目下 NAER 的编码条件百分比。可以发现,4 种编码条件的变化趋势与图 8-24 所示的

网格网络场景相似。当数据流数目超过 12 时,基于 UCC－2 和 UCC－N 的编码包占编码包的大部分,这反映了 UCC－2 和 UCC－N 对增加编码机会的贡献。

由于在随机网络仿真中利用了不同层间的跨层交互 CLI (Cross Layer Interaction),因此研究与覆盖控制、拓扑控制跨层交互作用的贡献是十分必要的。为了解决这一问题,将编码机会分为 4 类:① 编码机会不涉及跨层交互,标记为 No CLI;② 编码机会涉及覆盖控制的交互,标记为 With CC;③ 编码机会涉及与拓扑控制的交互,标记为 With TC;④ 编码机会同时涉及与覆盖控制和拓扑控制的交互,用 With TC&CC 标记。

图 8-31 给出了随机网络中不同数据流数目下 NAER 的跨层交互类型百分比比较。从图 8-31 可以清楚地看出,当数据流的数量低于 8 时,No CLI 类型的编码机会占绝大多数(几乎 100%)。随着数据流数目的增加,No CLI 逐渐减少,其他类型逐渐增加。很明显,在编码机会中,No CLI 总是具有最高的百分比。很明显,With CC 比 With TC、With TC&CC 增长得更快,这表明与覆盖控制的交互比使用拓扑控制带来更多的编码机会。原因是,拓扑控制通常需要增加节点的传输功率,以增加编码机会,从而导致节点的能耗增加。覆盖控制只控制节点的工作模式,不会增加节点传输功率。

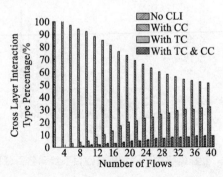

图 8-31 随机网络中不同数据流数目下 NAER 路由跨层交互比例比较

8.5　本章小结

由于现有基于网络编码的路由其网络编码条件存在失效问题,且未考虑节点能量,现有的基于网络编码的路由不适合应用于无线传感器网络。针对这一问题,提出了一种基于网络编码的无线传感器网络节能路由。在深入分析现有网络编码条件的基础上,提出了普适网络编码条件 UCC,以避免网络编码条件失效导致的解码失败的问题。基于 UCC,提出了与覆盖控制和拓扑控制相结合的跨层网络编码发现机制,增加网络编码机会。通过在 NS2 上的仿真表明,NAER 能增加网络编码机会,提高网络吞吐量,延长无线传感器网络的网络生存时间。

参考文献

［1］Jennifer Y, Biswanath M, Dipak G. Wireless sensor network survey[J]. Computer Networks, 2008, 52(12): 2292 – 2330.

［2］Rawat P, Singh K D, Chaouchi H, et al. Wireless sensor networks: a survey on recent developments and potential synergies [J]. The Journal of Supercomputing, 2014, 68(1):1 – 48.

［3］Giuseppe A, Marco C, Francesco Mario D, et al. Energy conservation in wireless sensor networks: a survey[J]. Ad hoc Networks, 2009, 7(3): 537 – 568.

［4］Rault T, Bouabdallah A, Challal Y. Energy efficiency in wireless sensor networks: a top-down survey[J]. Computer Networks, 2014,67(7):104 – 122.

［5］Pantazis N A, Nikolidakis S A, Vergados D A. Energy-efficient routing protocols in wireless sensor networks: a survey [J]. IEEE Communications Surveys & Tutorials, 2013,15(2):551 – 591.

［6］ Ogundile O O, Alfa A S. A survey on an energy-efficient and en-ergy-balanced routing protocol for wireless sensor networks［J］. Sensors, 2017,17(5):1 -51.

［7］ Rehan W, Fischer S, Rehan M. A critical review of surveys em-phasizing on routing in wireless sensor networks—an anatomiza-tion under general survey design framework［J］. Sensors, 2017, 17(8):1 -37.

［8］ Ahlswede R, Cai N, Li S Y, et al. Network information flow ［J］. IEEE Transactions on Information Theory, 2000, 46(4): 1204 - 1216.

［9］ Li S Y, Yeung R W, Cai N. Linear network coding［J］. IEEE Transactions on Information Theory, 2003,49(2): 371 - 381.

［10］ Farooqi M Z, Tabassum S K, Rehmani M H, et al. A survey on network coding: From traditional wireless networks to emerging cognitive radio networks［J］. Journal of Network and Computer Applications, 2014, 46(11):166 - 181.

［11］ Fragouli C, Katabi D, Markopoulou A, et al. Wireless network coding: opportunities and challenges［C］∥Military Communica-tions Conference, 2007:29 - 31.

［12］ Iqbal M A, Dai B, Huang B X, et al. Survey of network coding-aware routing protocols in wireless networks ［J］. Journal of Net-work and Computer Applications, 2011,34(6): 1956 - 1970.

［13］ Xie L F, Chong H J, Ho W H, et al. A survey of inter-flow net-work coding in wireless mesh networks with unicast traffic［J］. Computer Networks, 2015, 91:738 - 751.

［14］ Kafaie S, Chen Y Z, Dobre O A, et al. Joint inter-flow network coding and opportunistic routing in multi-hop wireless mesh net-works: a comprehensive survey［J］. IEEE Communications Sur-veys & Tutorials (Early Access), 2018.

［15］ Katti S, Rahul H, Hu W, et al. XORs in the air: practical wireless network coding[J]. IEEE/ACM Transactions on Networking, 2008, 16(3): 497 -510.

[16] Ni B, Santhapuri N, Zhong Z F, et al. Routing with opportunistically coded exchanges in wireless mesh networks[C] // In Proceedings of 2006 2nd IEEE Workshop on Wireless Mesh Networks(WiMESH 2006), [S. l.]:IEEE, 2006:157 -159.

[17] Ji-lin L, Lui C S, Dah-ming C. DCAR: distributed coding-aware routing in wireless networks[J]. IEEE Transactions on Mobile Computing, 2010,9(4): 596 -608.

[18] Guo B, Li H K, Zhou C, et al. Analysis of general network coding conditions and design of a free-ride-oriented routing metric [J]. IEEE Transactions on Vehicular Technology, 2011, 60 (4): 1714 -1727.

[19] Peng Y H, Yu Y, Wang X R, et al. A new coding-and interference-aware routing protocol in wireless mesh networks[J]. Computers & Electrical Engineering,2013,39(6):1822 -1836.

[20] Hou R H, Qu S K, King-Shan L, et al. Coding-and interference-aware routing protocol in wireless networks[J]. Computer Communications, 2013,36(17/18):1745 -1753.

[21] Gin-Xian K, Chee-Onn C, Ishii H. Improving network coding in wireless ad hoc netwrks[J]. Ad hoc Networks, 2015,33(10): 16 -34.

[22] Chen J, He K, Yuan Q, et al. Distributed greedy coding-aware deterministic routing for multi-flow in wireless networks [J]. Computer Networks, 2016, 105(8):194 -206.

[23] Li S S, Liao X K, Zhu P D, et al. A method for multipath routing based on network coding in wireless sensor network[J]. Journal of Software, 2008,19(10):2638 -2647.

[24] Yang Y W, Zhong C S, Sun Y M, et al. Network coding based reliable disjoint and braided multipath routing for sensor networks

[J]. Journal of Network and Computer Applications, 2010, 33 (3):422 - 432.

[25] Wang L, Yang Y W, Zhao W. Network coding-based multipath routing for energy efficiency in wireless sensor networks [J]. EURASIP Journal on Wireless Communications and Networking, 2012.

[26] Miao L, Djouani K, Kurien A, et al. Network coding and competitive approach for gradient based routing in wireless sensor networks[J]. Ad Hoc Networks, 2012, 10(6): 990 - 1008.

[27] Shen H, Bai G W, Zhao L, et al. An adaptive opportunistic network coding mechanism in wireless multimedia sensor networks [J]. International Journal of Distributed Sensor Networks, 2012: 1 - 13.

[28] Mendes L D P, Rodrigues J J P C. A survey on cross-layer solutions for wireless sensor networks[J]. Journal of Network and Computer Applications,2011,34(2):523 - 534.

[29] Tian D, Georganas N D. A node scheduling scheme for energy conservation in large wireless sensor networks [J]. Wireless Communications and Mobile Computing, 2003, 3 (2): 271 - 290.

[30] Kubisch M, Karl H. Distributed algorithms for transmission power control in wireless sensor networks[C]// In Proceedings of the IEEE Wireless Communications and Networking, 2003:16 - 20.

第9章　基于流内与流间混合网络编码感知的无线多跳网络多播路由

9.1　问题提出

无线 Mesh 网络是一种面向实用的网络,现在很多应用如视频会议、内容分发、远程教育、在线游戏等都需要多播服务的支持[1]。多播又称组播,是一种由一个源节点向多个目的节点同时发送数据的通信服务。多播路由的性能对无线 Mesh 网络多播服务性能起到关键作用。目前已经相继提出一些适用于无线 Mesh 网络的多播路由[2-4]。但是无线 Mesh 网络中,无线链路具有开放特性,且容易受到节点负载、干扰等因素的影响,如何提供可靠、高效的多播路由是一个巨大的挑战[5,6]。

目前适用于无线路由的网络编码主要分为流内网络编码和流间网络编码。流内网络编码一般在源节点对发送数据进行线性编码。依据矩阵论,当目的节点在收到足够数目的,且编码系数线性独立的编码包后,进行线性运算即可得到原始数据包。流内网络编码能够使得数据传输不依赖于特定数据包的接收,只要目的节点收到足够数量的编码包就可进行解码,从而提高数据传输的可靠性。而流间网络编码,则充分利用无线信道的广播特性,对来自不同数据流的数据包实施异或运算,并将编码包广播出去,从而减少数据传输次数,节约带宽资源,提高网络吞吐量和数据传输效率。通常所谓"流内网络编码"和"流间网络编码"中的"流"指的是单播数据流。在本章多播环境下,"流"特指多播会话。

目前的无线 Mesh 网络多播路由,大多单纯利用流内网络编码提高多播传输的可靠性。多播路由利用流内网络编码后,只有在每个目的节点都能够对一组编码包正确解码后,才完成了一组数据的传输。而源节点到每个目的节点的路径质量是不同的,当路径质量最差的目的节点可以解码的时候,其他路径质量较好节点可能已经早已能够解码,且被迫接收了大量无用重复数据,造成资源的浪费,即"Crying Baby"问题。另外,当前的无线 Mesh 网络多播路由没有考虑到流间网络编码在节省网络带宽资源、提高多播传输效率方面的潜力。

本章基于流内网络编码和流间网络编码的各自特点和优势,将两种网络编码相结合,并应用于无线 Mesh 网络多播路由中,提出混合网络编码感知多播路由 HCMR(Hybrid Coding aware Multicast Routing)。HCMR 利用流内网络编码提高数据传输的可靠性,利用流间网络编码提高数据传输效率。此外,HCMR 提出了基于零空间的反馈机制和基于编码的重传机制,减少流内网络编码中无用数据的传输,提高流内网络编码传输效率。

9.2 相关工作

无线 Mesh 网络多播路由按照建立的路由结构,可分为树状路由和网状路由。网状路由在每个源目的节点对之间存在多条路径,具有较高的鲁棒性,能够适应网络拓扑动态变化的情况,但其开销较大,且容易出现环路。树状路由开销较小,但鲁棒性较差,适合于网络拓扑相对固定的场景。无线 Mesh 网络节点相对固定,网络拓扑相对固定,一般采用树状路由。树状路由包括 3 种典型构造方法:最短路径树 SPT(Shortest Path Tree)、最小代价树 MCT (Minimum Cost Tree)[7,8]和最小传输数目树 MNT(Minimum Number of transmissions Tree)[9,10]。

SPT 保证在源节点和每个目的节点之间的路径是最短的,通常使用 Bellman-Ford 算法和 Dijkstra 算法[11]实现,但其整个多播树的开销通常较大。MCT 的目标是最小化多播树的总开销,其计算可归结为最小 Steiner 树问题 MST(Minimum Steiner Tree),是 NP 完全问题[12]。相同源节点和目的节点集的多播,其 SPT 树的开销要高于 MCT 树的开销,而 MCT 树中源节点和目的节点间路径的平均长度要大于 SPT 中的情况。Ruiz 等考虑无线网络中无线信道的开放特性,提出最小传输数目树 MNT。MNT 保证多播树中具有最少数目的转发节点。通常代价最小的多播树,其传输次数不是最小。另外,MNT 路由没有考虑无线环境下,节点的干扰因素。Murthy 等提出 MDWICS(Minimum Degree Weakly Induced Connected Subgraph)路由[13],利用干扰图减少多播流内干扰,以提高多播路由吞吐量。Lee 等[14]提出一种按需多播路由 ODMRP(On Demand Multicast Routing Protocol)。ODMRP 路由是一种网状路由,引入了转发组概念,收到数据的中间节点,只有在转发组中的节点才会转发数据。

由于网络编码在提升网络吞吐量方面的潜力,目前已提出一些基于网络编码的多播路由。文献[15,16]提出利用优化算法,对网络编码、节点发射功率、多播速率进行联合优化,以提高多播传输的吞吐量,但其原理复杂且计算开销较大,难以在实际网络中实现。Tao 等[17]提出一种基于流内网络编码和标签算法,且能够保证实现多播最大流的路由技术,但其实现较为复杂,且在实际多播路由中,往往不需要达到多播最大流速率。文献[18,19]提出了 R-Code 路由,R-Code 路由采用基于链路质量的最小生成树算法建立树状路由,在树状路由内采用流内网络编码传输数据,可提供100% 的数据投递率。但 R-Code 容易引起"Crying Baby"问题,即保证链路质量较差的接收节点的接收率,而降低了其他节点的性能。R-Code 路由产生"Crying Baby"问题的另一方面原因是流内网络编码的无目的性,不能保证每次目的节点收到的编码包都是有用数据包。文献[20]针对"Crying Baby"问题,提出了 Pacifier 协议。它将树形路由和流内网络编码结合,在利用流内网络编码传输数据时,采用轮盘赌的方式传输,即一旦一个接收节点返回 ACK 报文,源节点将开始下一组数据的传输,在最后一组结束后,返回传输第一组未完成的数据。Pacifier 虽然一定程度解决了"Crying Baby"问题,但其轮盘赌方式数据传输,导致数据包的时延较大,不适合时延敏感类的业务。另外,R-Code 和 Pacifier 路由都仅利用流内网络编码,而没有考虑引入流间网络编码,以减少数据传输次数和提高网络吞吐量。

9.3 HCMR 路由设计

9.3.1 流间网络编码条件

假定无线 Mesh 网络可用符号 $G(V,E)$ 描述,其中 V 表示网络节点集,E 表示网络中链路集合。网络中的一个多播会话 m 可用一个四元组 $\{S,D,L,I\}$ 来唯一地描述,其中 S 表示多播源节点,D 表示多播目的节点,L 表示多播树上的链路集合,I 表示多播树中中继节点集合。S、D、L、I 共同构成多播树 T。

定义 9-1 对于一个多播树 T,其中子节点数目大于 1 的节点被称为分叉节点。

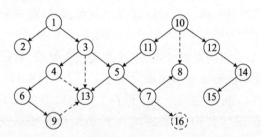

图 9-1　多播环境下流间网络编码示例

在多播环境下,一个多播会话的路径构成了多播树结构。多播环境下的网络编码条件,考察的是两个多播会话交叉于一个节点,在该交叉节点的网络编码条件。本节所指的网络编码条件是指流间网络编码条件。

以图 9-1 所示的拓扑为例,其中有 2 个多播会话,节点集$\{1,2,3,4,5,6,7,8,9\}$ 构成多播会话 m_1,其中源节点为 1,目的节点为

$\{2,9,8\}$。节点集 $\{10,11,12,5,13,14,15\}$ 构成多播会话 m_2,其中源节点为 10,目的节点为 $\{13,15\}$。m_1 和 m_2 交叉于节点 5,考察 m_1 和 m_2 能否在节点 5 实施流间网络编码。图 9-1 中虚线表示节点可以监听对应节点发送的数据,如节点 13 可监听到节点 3、4、9 发送的数据。

在多播环境下考察流间网络编码条件,需要进一步确定多播环境下的监听范围。以图 9-1 为例,虽然节点 13 可监听到节点 9 的数据,但是节点 9 是叶子节点,不发送数据,因此节点 13 无法从节点 9 得到解码需要的数据。另一方面,虽然节点 13 可监听到节点 4 的数据,但由于信道竞争或干扰的影响,容易出现这样的现象:节点 13 收到来自节点 5 的编码包,但需要等待用于解码数据。为此 HCMR 路由中,将监听的范围限制于编码节点到源节点的路径上的节点,保证用于解码的数据包先于编码包到达,同时避免从叶子节点的监听。

另一方面,考察多播环境下的流间网络编码条件,还需要保证在解码节点和编码节点之间没有多播的目的节点和分叉节点。以图 9-1 为例,如果节点 7 是多播会话 m_1 的一个目的节点,且在节点 5 进行网络编码,节点 7 将无法正确解码得到原始数据。同样,如果在节点 7 处分叉出节点 16,节点 16 将仅能得到编码包,而无法解码。针对出现分叉节点的情况,解决办法是保证每个分支上都能机会监听,但这样实现较为复杂。HCMR 路由将分叉节点排除在编码节点和监听节点之间的路径上。另外,在多播树结构下,讨论已进行流间编码的多播树在交叉节点的流间编码条件也较为复杂,因此也不予讨论。本章仅讨论未编码的多播树在交叉节点的流间网络编码条件。

基于以上两方面的分析,在给出多播环境下的网络编码条件之前,给出相关定义。

定义 9-2　对于一个多播会话 $m = \{S,D,L,I\}$ 构成的多播树 T,其中的一个非根、非叶子、非分叉节点 v,由节点 v 上溯直至根节点构成的路径上的节点(排除节点 v,包括根节点),称为多播会话

m 中节点 v 的直系父节点，记为 $DirectFather(v,m)$。而由节点 v 下溯直至第一个分叉节点构成的路径上的节点（排除节点 v，包括第一个分叉节点），称为多播会话 m 中节点 v 的独生子节点，记为 $SingleChild(v,m)$。

定理 9-1　两条未进行流间网络编码的多播会话 m_1 和 m_2 在非根、非叶子、非交叉节点 v 处交叉，m_1 和 m_2 可以在节点 v 进行流间网络编码的充分必要条件如下：

（1）存在节点 $s_1 \in SingleChild(v,m_1)$，且有 $s_1 \in N(u_2)$，其中 $u_2 \in DirectFather(v,m_2)$；或者 $s_1 \in DirectFather(v,m_2)$。

（2）存在节点 $s_2 \in SingleChild(v,m_2)$，且有 $s_2 \in N(u_1)$，其中 $u_1 \in DirectFather(v,m_1)$；或者 $s_2 \in DirectFather(v,m_1)$。

证明：（1）充分性证明

假定条件（1）（2）满足，则依据引理 3-3，多播会话 m_1 和 m_2 可以在交叉节点 v 处实施流间网络编码。

（2）必要性证明

假定多播会话 m_1 和 m_2 可以在交叉节点 v 处实施流间网络编码，由于 m_1 和 m_2 是未编码多播会话，则依据引理 3-3，有：① 存在节点 $s_1 \in D(v,m_1)$，且有 $s_1 \in N(u_2)$，其中 $u_2 \in U(v,m_2)$；或者 $s_1 \in U(v,m_2)$。② 存在节点 $s_2 \in D(v,m_2)$，且有 $s_2 \in N(u_1)$，其中 $u_1 \in U(v,m_1)$；或者 $s_2 \in U(v,m_1)$。依据引理 3-3 中数据流上下游节点的定义，以及多播树中直系父节点和独生子节点的定义，有 $SingleChild(v,m_1) = D(v,m_1)$，$DirectFather(v,m_2) = U(v,m_2)$，$SingleChild(v,m_2) = D(v,m_2)$，$DirectFather(v,m_1) = U(v,m_1)$，因此条件（1）（2）成立。

9.3.2　流内网络编码方法

在建立多播路由后，源节点开始多播数据发送。对每个多播会话内的数据传输，HCMR 采用了流内网络编码。

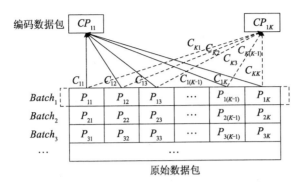

图 9-2　基于流内网络编码的编码包生成原理

对每个多播会话,源节点将需要发送的数据进行分割,每 K 个数据包组成 1 组(Batch)。对同 1 组内的 K 个原始数据包(P_1,···,P_i,···,P_K),分配 K 个对应随机数。这 K 个随机数构成编码向量 $C_j = (C_{j1}, \cdots, C_{ji}, \cdots, C_{jK})$,并与对应原始数据包做线性运算。在源节点的数据包编码操作,可用公式(9-1)表示。

$$CP'_j = \sum_{i=1}^{K} C_{ji} P_i \tag{9-1}$$

为了使得目的节点能够正确解码数据包,源节点需要不断发送不同编码向量的编码包,其过程类似于矩阵运算,可用式(9-2)表示。式(9-2)中 C 为编码矩阵,由各编码包的编码向量构成。

$$\begin{pmatrix} CP'_1 \\ \vdots \\ CP'_K \end{pmatrix} = C \begin{pmatrix} P_1 \\ \vdots \\ P_K \end{pmatrix} = \begin{pmatrix} C_1 \\ \vdots \\ C_K \end{pmatrix} \begin{pmatrix} P_1 \\ \vdots \\ P_K \end{pmatrix} = \begin{pmatrix} C_{11} & \cdots & C_{1K} \\ \vdots & \ddots & \vdots \\ C_{K1} & \cdots & C_{KK} \end{pmatrix} \begin{pmatrix} P_1 \\ \vdots \\ P_K \end{pmatrix} \tag{9-2}$$

目的节点在收到编码包后,将进行解码以获得原始数据包,解码包的过程可用式(9-3)表示。

$$\begin{pmatrix} P_1 \\ \vdots \\ P_K \end{pmatrix} = C^{-1} \begin{pmatrix} CP'_1 \\ \vdots \\ CP'_K \end{pmatrix} = \begin{pmatrix} C_{11} & \cdots & C_{1K} \\ \vdots & \ddots & \vdots \\ C_{K1} & \cdots & C_{KK} \end{pmatrix}^{-1} \begin{pmatrix} CP'_1 \\ \vdots \\ CP'_K \end{pmatrix} \tag{9-3}$$

由式(9-3)可以看出,目的节点为了正确解码,需要了解各编码包的编码系数。因此,在 HCMR 路由中,会话内编码包的头部需要添加编码向量域,用于记录编码包的编码向量。此外,组号码、目的节点 ID 同样保存于编码包的头部。

为了正确解码,目的节点收到的编码包构成的编码矩阵必须是可逆的,这就要求各编码向量是线性无关的。因此,目的节点必须收到至少 K 个编码向量线性无关的编码包后,才能够对编码包进行正确解码。

9.3.3 多播路由建立

HCMR 路由在多播传输之前,使用文献[21]所使用的方法建立最小代价多播树。在计算多播树代价时,使用了式(4-5)定义的路由度量 LCRM。但是由于多播和单播环境下,MAC 层数据传输方式的不同,其中的 ETX 值和整个多播树代价的计算需要做出调整。

在单播条件下,相邻两节点之间传输数据之前,需要采用 RTS/CTS 机制,探寻信道的情况,然后再进行数据传输。接收节点在收到数据后,需要返回一个 ACK 确认报文。因此,在单播环境下 ETX 值的计算需要考虑相邻节点之间的双向链路的投递率。而在多播环境下,节点利用无线信道的广播特性,直接将数据发送出去,且接收节点不需要返回 ACK 确认报文。单播和多播在 MAC 层的数据传输方式比较如图 9-3 所示。

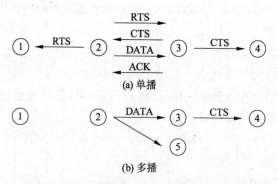

图 9-3 单播和多播的 MAC 层数据传输方式

假定发送节点 i 到接收节点 j 的投递率为 d_f,则多播环境下从发送节点到接收节点链路的 ETX 值计算如式(9-4)所示。

$$ETX_{l_{ij}} = \frac{1}{d_f} \tag{9-4}$$

从图 9-3b 可知,多播环境下,节点 2 到节点 3 和 5 的多播,如不考虑丢失因素,仅需一次即可完成。因此多播树中由分叉节点到其孩子节点的链路的 LCRM 值不需要重复计算,仅需计算其中的最大值。假定一棵最小代价多播树 *Tree*,其中分叉节点集合为 *Split*,非分叉节点集合为 *Normal*,|*Split*| 和 |*Normal*| 分别表示分叉节点数目和非分叉节点数据。对任意一个节点 $m \in Split$,与 m 存在相邻链路的孩子节点,被称为 m 的直接孩子节点,其集合记为 $DirectChild(m)$。则该最小代价多播树的 LCRM 值计算如式(9-5)所示。

$$LCRM(Tree) = \sum_{\substack{i=1 \\ i \in Normal}}^{|Normal|} LCRM(l_{ij}) + \sum_{\substack{m=1 \\ m \in Split}}^{|Split|} \max_{\forall n \in DirectChild(m)} \{LCRM(l_{mn})\}$$

$$\tag{9-5}$$

9.3.4　基于滑动窗口的数据传输机制

由于多播路由中源节点到每个目的节点的路径质量具有差异性,传统的流内网络编码应用于无线 Mesh 网络多播路由容易导致出现"Cry Baby"问题。即路径质量较好的目的节点先完成同组编码数据接收后,被迫接收源节点多播的编码包。此时源节点发送的这些编码包对路径质量好的目的节点已经无用,从而浪费网络资源。Pacifier 路由提出使用基于轮盘赌的数据传输方式解决这一问题,但容易引起解码操作的延迟,从而延长数据的传输时延。本章提出使用滑动窗口机制,平滑不同接收节点和源节点之间路径的差异性,让源节点能够同时发送多个组内的编码数据,避免链路质量较好的目的节点的资源浪费,提高整体传输效率。

为此 HCMR 在每个多播会话中,在源节点和每个目的节点设置大小相同、基于组的滑动窗口。接收节点在收到可以解码的一组数据后,接收窗口前移一组,并向源节点发送 ACK 报文。源节点可以发送处于发送窗口内的组编码数据。当源节点接收到针对某组的所有接收节点的 ACK 报文后,发送窗口前移 1 组。HCMR

路由中的滑动窗口机制原理,如图9-4所示。

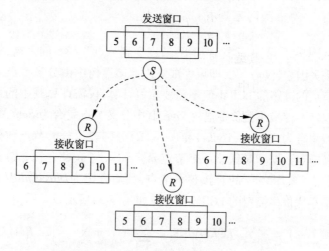

图9-4 源节点和接收节点间的滑动窗口机制原理

发送窗口和接收窗口的大小要保证路径质量最好的接收节点不发生等待路径质量最差节点的现象。假定源节点到接收节点 i 的路径质量采用各链路 LCRM 值和来衡量,路径质量最好的接收节点的 LCRM 值为 $LCRM_{min}$,链路质量最差的接收节点的 $LCRM$ 值为 $LCRM_{max}$,则窗口大小 Win 应该满足式(9-6)。

$$Win \geq \left[\frac{LCRM_{max}}{LCRM_{min}} \right] \qquad (9-6)$$

9.3.5 基于零空间的反馈机制和基于网络编码的重传机制

在多播会话的源节点和各个目的节点设置滑动窗口机制能够有效平衡源节点到各个目的节点路径质量的差异。但是如果此时仍采用传统的流内网络编码方法,滑动窗口只是允许链路质量较好的节点可以接受后续组的编码包,由于当前组的数据有部分目的节点无法解码,源节点将继续广播当前组的编码包,使得路径质量较好的目的节点仍将收到来自源节点的无用编码包。如前所述,"Cry Baby"产生的一个原因是传统流内网络编码在源节点编码时的无目的性。但完全有目的性地编码,将使得流内网络编码丧失其优势。HCMR 采用的方法是,源节点刚开始数据传输时,采用流内网络编码,编码不具有目的性。每个目的节点在收到第一个数据包,并等待一个时间 T 后,将向源节点反馈收到的编码包信息,指导源节点后续编码包的发送,也即 HCMR 采用反馈和重传机制。在 HCMR 路由中, $T = \dfrac{K \times PacketSize}{V_{send}}$,其中 K 为流内网络编码的 1 段内原始数据包数目, $PacketSize$ 为编码数据包大小, V_{send} 为源节点的发送速率。

有线网络中通常使用自动重传机制 ARQ(Auto Repeat Quest),典型的有停止等待 ARQ、回退 N 步 ARQ 和选择重传 ARQ[22-24]。但这些机制,直接应用于多播场景下,会引起一定的资源浪费。以图 9-5a 中场景为例,源节点为 1,接收节点为 5、6、7,源节点向 3 个接收节点发送三个数据包 P_1、P_2、P_3,而由于链路丢失率的影响,节点 5、6、7 分别丢失了数据包 P_3、P_2、P_1。如果采用简单重传的方式,源节点 1 需要重新发送数据包 P_1、P_2、P_3。但是每次重传数据,对其中另外两个节点是无用的,如节点 1 重传数据包 $P1$,对节点 5 和 6 是无用的,从而浪费了带宽资源。而如果源节点 1 将三个数据包进行异或编码操作后重传,即重传编码数据包 $P_1 \oplus P_2 \oplus P_3$,那么节点 5、6、7 可分别通过以下运算,得到对应需要的数据包,如图 9-5b 所示。

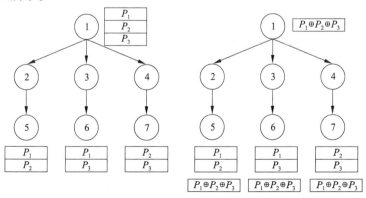

(a) Classic store/forward method　　(b) Using network coding

图 9-5　基于存储转发方式和网络编码方式的重传机制比较

$$P_3 = (P_1 \oplus P_2 \oplus P_3) \oplus P_1 \oplus P_2$$
$$P_2 = (P_1 \oplus P_2 \oplus P_3) \oplus P_1 \oplus P_3$$
$$P_1 = (P_1 \oplus P_2 \oplus P_3) \oplus P_2 \oplus P_3$$

这样采用编码以后,源节点仅需一次数据传输即可完成重传工作,提高了重传效率,节约了带宽资源。文献[25,26]着重对图9-5 中的基于编码的重传机制进行了研究,但该机制无法直接应用于 HCMR 路由。

一方面,文献[25,26]仅考虑使用简单反馈机制。HCMR 使用了流内网络编码,接收节点收到的是经过随机网络编码产生的编码数据包。如果在 HCMR 路由中采用简单的回馈机制,由目的节点向源节点告知其收到的数据包,则必然需要告知其收到的每个编码包的编码系数,这样将带来较大的反馈开销。

另一方面,文献[25,26]的方案中,源节点通过反馈机制可以了解接收节点需要哪些数据包,且源节点自身缓存有这些数据包。而在 HCMR 中,通过反馈编码系数,源节点仅了解接收节点收到了哪些编码系数生成的数据包,且自身仅缓存有同组内的原始数据包,需要进一步计算各接收节点所需要的线性独立的数据包。

为此 HCMR 使用了基于零空间的反馈机制,和基于网络编码的重传机制。为了便于说明,以图9-6 中的情况为例。节点 S 向节点 1、2、3、4、5、6 多播数据。S 以 3 个数据包为 1 组,发送了 3 个线性独立的编码数据包,其编码向量分别为(1,2,1)、(1,1,1)、(0,1,1)。节点 1~3 分别丢失了一个编码数据包,而节点 4~6 分别丢失了 2 个编码数据包,每个节点收到的数据包的编码向量在其下方显示。

为了正确解码得到原始数据包,每个接收节点希望源节点重传的编码包的编码向量与其收到的编码包的编码向量线性独立。由此,HCMR 引入零空间的思想,接收节点依据收到的编码包的编码向量组成的矩阵 **Matrix**,求取其零空间。节点 1 收到的编码向量分别为(1,2,1)、(1,1,1),构成矩阵 **Matrix** $= \begin{pmatrix} 1 & 2 & 1 \\ 1 & 1 & 1 \end{pmatrix}$。依据零空间的概念，**Matrix** $\times X = 0$，得到其零空间为 $(x, 0, -x)$，即由 x 决定的一维空间。同理得到其他节点的零空间。但需要注意的是，节点 4~6 的零空间是有 2 个变量决定的二维空间。如节点 4 的零空间是 $(m, n, -(m+2n))$，其为变量 m 和 n 决定的二维空间。依据零空间的定义，可以发现，节点计算的已收到编码数据包编码向量的零空间，实际是其期望源节点发送的编码包编码向量的形式。使用零空间概念后，各源节点仅需向源节点反馈一个零空间向量即可，大大减少了反馈所需发送的数据量。

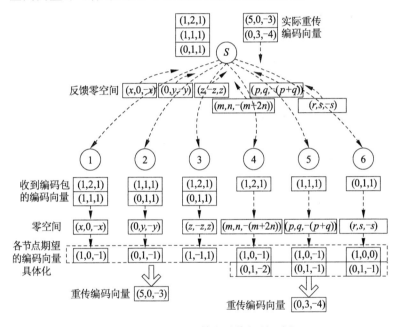

图 9-6　HCMR 反馈和重传机制示例

源节点在收到各接收节点反馈的零空间后，进行向量具体化。对于一维零空间，将其中的变量固定为 1，得到具体的一个零空间向量。对于 n 维零空间，按序每次将一个变量固定为 1，其他变量固定为 0，从而得到 n 个线性独立的零空间向量。如节点 1 的零空间向量为 $(1, 0, -1)$，而节点 4 的零空间向量为 $(1, 0, -1)$ 和 $(0, 1, -2)$。

由零空间得到具体编码向量后，源节点从每个节点的编码向量中取出一个相加得到重传编码向量,如此循环直到所有节点的编码向量都被取完。图 9-6 中由 2 个虚线框内的各节点的编码向量,得到最终的重传编码向量分别为 $(5,0,-3)$ 和 $(0,3,-4)$。重传编码向量的计算方法如算法 9-1 所示。

算法 9-1:重传编码向量计算算法

输入:一个多播会话 M,S 为源节点,N 个接收节点,接收节点 r_i 的零空间为 $NullSpace_i$,其维度为 s_i,对应的零空间具体化向量集合为 $nsVector_i$

输出:重传编码向量集合 RCS

$RC \leftarrow 0$;$RCNum \leftarrow 0$;

$tmpVector \leftarrow 0$;$TC \leftarrow 0$;

For each receiver of multicast session M, r_i, $i = 1$ to N, do

 For $j = 1$ to s_i, do

  节点 r_i 的零空间 $NullSpace_i$ 中第 j 个变量固定为 1,其余变量固定为 0,得到向量 $tmpVector$;

  $nsVector_i = nsVector_i \cup \{tmpVector\}$;

  $tmpVector \leftarrow 0$;

 End For

End For

While $\bigcup\limits_{i=1}^{N} nsVector_i \neq \emptyset$ do

 For each receiver of multicast session M, r_i, $i = 1$ to N do

  If $nsVector_i \neq \emptyset$

   Fetch an element vector TC from $nsVector_i$;

   $nsVector_i = nsVector_i - \{TC\}$;

  $RC = RC + TC$;

  End If

 End For

 $RCS = RCS \cup \{RC\}$

 RCNUM + +;

 $RC \leftarrow 0$;

End While

Return RCS

定理 9-2　采用算法 9-1 的算法,能够保证所有接收节点在收到所有重传编码包后正确解码,且重传次数为节点零空间维度的最大值。

证明:假定一个多播会话有 N 个接收节点,流内网络编码中组(Batch)的大小为 B,接收节点 i 收到了 $(B-i)$ 个编码数据包,其编码向量构成矩阵 $\boldsymbol{M}_i$,依据 $\boldsymbol{M}_i \times X_i = 0$,其零空间是由 i 个变量确定的空间。依据算法 9-1 的算法具体化零空间向量,得到 i 个线性独立的零空间向量 $X_{i1}, X_{i2}, \cdots, X_{ii}$。由零空间向量,依据算法 9-1 的算法,得到第 i 个重传编码向量为 $\sum\limits_{j=i}^{N} X_{ji}$,其原理如图 9-7 所示。

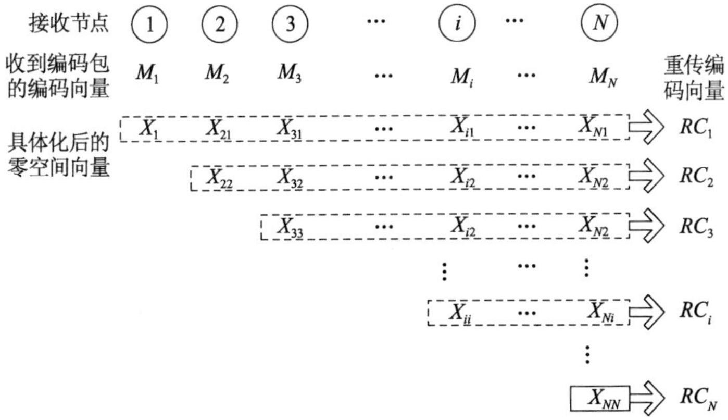

图 9-7　重传编码向量生成原理图

为了保证节点 i 能够正确解码,就是保证由 $\boldsymbol{M}_i$ 和 $RC_1 - RC_i$ 构成的 B 阶矩阵中,行向量线性独立,即该矩阵满秩序,对应的行列

式值非 0,该矩阵为 $\begin{pmatrix} \boldsymbol{M}_i \\ RC_1 \\ \vdots \\ RC_i \end{pmatrix}$。依据重传编码向量的计算组成,可以得

到

$$
\begin{pmatrix} M_i \\ RC_1 \\ \vdots \\ RC_i \end{pmatrix} = \begin{pmatrix} M_i \\ \sum\limits_{j=1}^{N} X_{j1} \\ \vdots \\ \sum\limits_{j=i}^{N} X_{j1} \end{pmatrix}
\tag{9-7}
$$

对应的行列式的值计算,依据行列式的分解原理,采用多次分解的方法将原行列式分解。其中由于大量行列式中存在线性相关行,而值为 0。

$$
\begin{vmatrix} M_i \\ RC_1 \\ \vdots \\ RC_i \end{vmatrix} = \begin{vmatrix} M_i \\ \sum\limits_{j=i}^{N} X_{j1} \\ \vdots \\ \sum\limits_{j=i}^{N} X_{j1} \end{vmatrix} = \begin{vmatrix} M_i \\ X_{11} \\ \vdots \\ \sum\limits_{j=i}^{N} X_{j1} \end{vmatrix} + \cdots + \begin{vmatrix} M_i \\ X_{N1} \\ \vdots \\ \sum\limits_{j=i}^{N} X_{j1} \end{vmatrix} = \begin{vmatrix} M_i \\ X_{i1} \\ \vdots \\ X_{ii} \end{vmatrix} \neq 0
$$

最终行列式化简得到 $\begin{vmatrix} M_i \\ X_{i1} \\ \vdots \\ X_{ii} \end{vmatrix}$,而其中各行由于是零空间关系,从而线性独立,因此其值为非 0,从而证明式(9-7)中的矩阵满秩,从而节点 i 得到了 B 个线性独立的编码向量,可以进行正确解码。由图 9-7 也可发现,接收节点的零空间维度最大值决定重传编码向量的计算次数,也即重传次数。

9.4　HCMR 仿真与性能分析

9.4.1　仿真参数设置

为了评价 HCMR 路由的性能,使用网络仿真器 NS2 进行仿真。仿真网络由 40 个节点构成,节点随机分布在 1 000 m×1 000 m 的正方形区域内,多播会话的源节点和接收节点从 40 个节点中随机选取。HCMR 路由使用 802.11 MAC 协议,信道带宽为 2 Mbps。源节点发送 CBR 数据流,流内网络编码系数取自伽罗华域(Galois Field),其他仿真参数见表 9-1。

表 9-1　HCMR 路由仿真参数

仿真参数	参数值
组规模 K	16
伽罗华域规模	2^4
数据包大小	512 Byte
节点传输半径	250 m
节点干扰半径	500 m
仿真时间	500 s

为了比较不同情况下的路由性能,仿真考虑了两种场景。

场景 1:网络中存在 2 个多播会话,每个会话有 1 个源节点和 8 个接收节点,并针对不同多播会话数据速率的情况进行仿真。

场景 2:每个多播会话有 1 个源节点和 4 个接收节点,多播会话速率为 2 数据包/s,并针对不同多播会话数目的情况进行仿真。

为了便于比较路由性能,仿真中针对以下 5 种路由进行了仿真:

(1) MCT:最小代价多播树路由,其多播树代价计算方法如 HCMR 路由。

(2) Pacifier:基于流内网络编码的多播路由。

(3) HCMR:本章提出的路由。

(4) HCMR-inter:HCMR 路由的修改版,仅使用流间网络编码。

(5) HCMR-intra:HCMR 路由的修改版,仅使用流内网络编码。

9.4.2　仿真结果分析

图 9-8 描绘的是两种场景下的网络吞吐量比较情况。由图 9-8 可以看出,HCMR 路由在两种场景下,其吞吐量明显高于其他 4 种路由。在图 9-8a 中,HCMR-inter 的吞吐量与 MCT 非常相近,而 HCMR-intra 的吞吐量接近于 HCMR,Pacifier 的吞吐量明显低于

HCMR-intra。而在图 9-8b 中,HCMR 吞吐量明显高于 HCMR-intra,HCMR-inter 与 MCT 相比有了显著提高,此时 Pacifier 吞吐量低于 HCMR、HCMR-intra 和 HCMR-inter。之所以会出现这样的情况,是由于在场景 1 中,仅有 2 个会话,流间网络编码的编码机会较少。因此在场景 1 中,HCMR 路由和 HCMR-inter 路由不能充分发挥流间网络编码的优势。而另一方面,HCMR 和 HCMR-intra 不管会话数目多少,总能够利用流内网络编码,以及反馈和重传机制提高多播的效率,从而其吞吐量较为接近。而在场景 2 中,随着会话数目的增加,流间网络编码机会随之增加。从而 HCMR-inter 在场景 2 中能利用流间网络编码带来的优势,提升其吞吐量,但与 HCMR-intra 相比仍有较大差距。

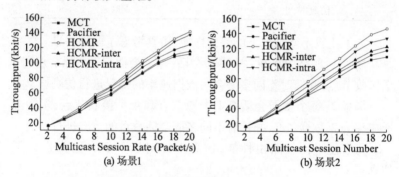

图 9-8　两种场景下的吞吐量比较

在两种场景下,由于 Pacifier 在编码包的发送方面具有随机性,导致资源浪费,吞吐量总是低于 HCMR-intra 和 HCMR。两种场景下,MCT 路由由于重传机制开销较大,其吞吐量总是低于其他路由,而 HCMR 由于综合利用了两类网络编码的优势,在两个场景下,总是优于其他路由。

图 9-9 给出了两种场景下的流间网络编码数据包比例的比较,由于仅有 HCMR 和 HCMR－inter 利用了流间网络编码,图中其他路由的流间编码数据包比例均为 0。由图 9-9a 可以看出,在场景 1 情况下,流间网络编码包的比例较低,均在 20% 以下,这是由于网络中仅有 2 个多播会话,不同多播树的交叉节点较少,从而导致其

编码机会较少,这也从侧面印证了图 9-8a 中,HCMR – inter 吞吐量较低的原因。而从图 9-9b 可以看出,随着网络中多播会话数目的增加,多播会话间的交叉节点增加,相应的流间网络编码机会也逐步增加,从而流间编码包的比例也相应增长,但是其范围在 15% ~ 25% 之间,远低于 LCMR 路由的编码包比例。这是由于 HCMR 的流间网络编码条件较为苛刻,编码机会相应较少。另外从图 9-9 可以看出,两种场景下,HCMR 和 HCMR – inter 由于采用相同的路由建立方法和流间网络编码条件,其流间编码包的比例相差不大。

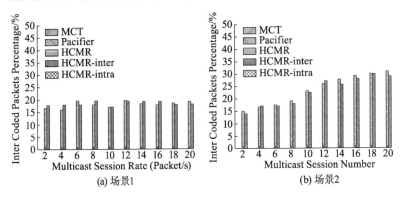

(a) 场景1　　　　　　(b) 场景2

图 9-9　两种场景下的流间网络编码数据包比例比较

图 9-10 给出了 5 种路由在两种场景下的平均延时变化情况。由图 9-10 可以发现,在两种场景下,Pacifier 路由由于延迟了编码包的解码时间,其平均延时一直远高于其他路由。MCT 和 HCMR-inter 的平均延时接近,而 HCMR 和 HCMR-intra 的平均延时较为接近。在两个场景下,HCMR 和 HCMR-intra 的平均延时在低负载情况下,高于 MCT 和 HCMR-inter;在高负载情况下,低于 MCT 和 HCMR-inter。这是由于 HCMR 和 HCMR-intra 路由引入了流内网络编码,数据包在源节点和目的节点分别需要编解码操作,延长了数据包的处理时间,从而增加数据包的平均延时。在高负载情况下,MCT 和 HCMR-inter 路由容易引起网络拥塞,且需要频繁重传,使得延时急剧增加。而 HCMR 和 HCMR-intra 路由由于引入重传和确认机制,提高了重传效率,其延时增长较为平缓。

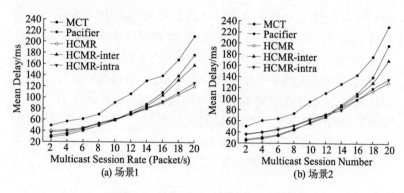

图 9-10　两种场景下的平均延时比较

图 9-11 给出了两种场景下的数据包投递率。由于 Pacifier、HCMR、HCMR-intra 均使用了流内网络编码，其数据包投递率均为 100%。在两个场景下，MCT 和 HCMR-inter 随着网络负载的增加，其投递率迅速降低。在场景 1 中，由于 HCMR-inter 路由的流间编码机会较少，其投递率与 MCT 相差不大。在场景 2 中，HCMR-inter 路由由于流间编码机会的增加，改善网络拥塞情况，其数据包投递率明显由于 MCT。

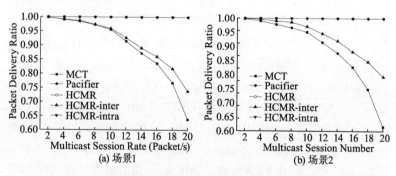

图 9-11　两种场景下的数据包投递率比较

最后一组仿真，将多播传输中的数据源 CBR 改为 6MB 的文件多播传输。每个多播会话的源节点，向其目的节点多播传输一个 6MB 的文件。仿真场景仍采用场景（1）和（2）。在文件传输任务结束后，仿真终止，分别考察平均每个源节点的传输数据量，和所有多播任务完成后的总的数据传输量。

图 9-12 和图 9-13 分别给出了两种场景下,在完成多播传输任务后,源节点平均所需要的数据传输量,以及所有节点的传输量和。由图 9-12 可以发现,MCT、HCMR-inter、Pacifer 的源节点传输量较为接近,且高于 HCMR 和 HCMR-intra。这是由于 MCT 和 HCMR-inter 路由为了完成多播传输任务,使用简单重传方法需要较多的重传次数。Pacifer 为了使目的节点能够解码,需要不断发送编码包,但这些编码包的编码向量对目的节点已接收编码包的编码向量而言,是否是线性独立的无法保证,从而发送了大量无用数据,使得源节点最终所传数据量较大。而 HCMR 和 HCMR-intra 由于采用了基于零空间的反馈机制和基于编码的重传机制,使得反馈和重传的传输次数显著减少,进而源节点最终的传输数据量也较小。在图 9-13a 中,随着多播速率的提升,网络逐渐拥塞,导致完成多播任务所需的传输次数逐步增加。图 9-13b 中,由于多播会话数目逐步增加,而每个多播树的总长度不尽相同,从而完成多播任务所需的传输次数有一定波动。但是由图 9-12 和图 9-13 可以发现,在相同的多播会话传输速率或多播会话数目的场景下,HCMR 和 HCMR-intra 由于在反馈和重传机制的作用,其数据传输次数平均比其他 3 种路由低 25% ~ 30%。而在图 9-13b 中,随着多播会话数目的增加,流间网络编码机会的增加,HCMR－inter 的传输次数比 Pacifer 和 MCT 平均低 6% ~ 10%。

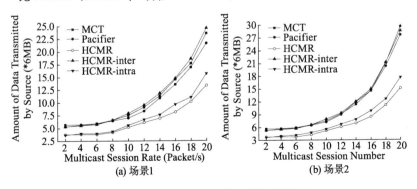

图 9-12　两种场景下的源节点数据发送量比较

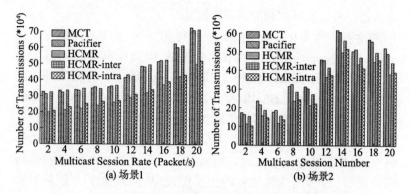

图 9-13　两种场景下每个多播会话完成平均所需传输次数比较

9.5　本章小结

随着视频会议、多媒体直播和点播等业务的发展,多播服务在无线 Mesh 网络中日益受到重视。多播路由的性能直接关系到无线 Mesh 网络中多播服务的服务质量,是多播研究的一个重要方向。无线 Mesh 网络中,由于受到无线链路带宽和可靠性的约束,设计一种高效、可靠的多播路由协议是多播路由的设计目标。

本章将流内网络编码和流间网络编码相结合,并应用到无线 Mesh 网络多播路由,提出混合编码感知多播路由 HCMR。在多播会话内,HCMR 路由采用流内网络编码,提高数据的传输可靠性。在多播会话间,HCMR 路由利用流间网络编码,减少数据传输次数,提高带宽利用率。此外,HCMR 在多播会话传输中,在源节点和目的节点间引入了基于组的滑动窗口机制,提高随机编码数据的传输效率。并提出了基于零空间的反馈机制和基于网络编码的重传机制,减少流内网络编码的传输次数。仿真结果证实,HCMR 路由在提高数据传输可靠性的基础上,提高了网络吞吐量和数据传输效率。

参考文献

[1] Carlos de Morais Cordeiro, Gossain H, Agrawal D P. Multicast over wireless mobile ad hoc networks: present and future directions[J]. IEEE Networks, 2003, 17(1): 52 –59.

[2] Nguyen U T. On multicast routing in wireless mesh networks [J]. Computer Communications, 2008, 31 (7): 1385 – 1399.

[3] Biradar R C, Manvi S S. Review of multicast routing mechanisms in mobile ad hoc networks[J]. Journal of Network and Computer Applications, 2012,35(1):221 –239.

[4] 方艺霖, 李方敏, 吴鹏, 等. 无线 Mesh 网络组播路由协议 [J]. 软件学报, 2010, 21(6):1308 – 1325.

[5] Ajish Kumar K S, Hegde S. Multicasting in wireless mesh networks: challenges and opportunities [C] // In Proceedings of 2009 International Conference on Information Management and Engineering, [S.l.]:IACSIT, 2009:514 –518.

[6] Chou C T, Qadir J, Lim J G, et al. Advances and challenges with data broadcasting in wireless mesh networks [J]. IEEE Communications Magazine, 2007,45(11):78 –85.

[7] Kou L, Markowsky G, Berman L. A fast algorithm for Steiner trees[J]. Acta Informatica, 1981, 15(2): 141 –145.

[8] Plesnik J. The complexity of designing a network with minimum diameter[J]. Networks, 1981,11 (1): 77 –85.

[9] Ruiz P M, Gomez-Skarmeta A F. Heuristic algorithms for minimum bandwidth consumption multicast routing in wireless mesh networks[C] // In Proceedings of the ADHOC – NOW 2005, Cancun, Mexico, Oct 6 – 8, 2005, Springer-Verlag, 2005, 258 –270.

[10] Ruiz P M, Gomez-Skarmeta A F. Approximating optimal multicast trees in wireless multihop networks[C]//In Proceedings of 10th IEEE Symposium on Computers and Communications, [S. l.]:IEEE, 2005, 686 – 691.

[11] Bertsekas D P, Gallagher R G. Data Networks[M]. USA: Prentice Hall, 1991.

[12] Paul S. Multicast on the Internet and Its Applications[M]. USA: Kluwer Academic Publishers, 1998.

[13] Murthy S, Goswami A, Sen A. Interference-Aware multicasting in wireless mesh networks[C]//In Proceedings of the Networking 2007, [S.l.]:Springer-Verlag, 2007:299 – 310.

[14] Sung-ju L, Su W, Gerla M. On-demand multicast routing protocol in multihop wireless mobile networks[J]. Mobile Networks and Applications,2002,7(6): 441 – 453.

[15] Do Thi Minh Viet, Nguyen Hai Chau, Lee W, et al. Using cross-layer heuristic and network coding to improve throughput in multicast wireless mesh networks[C]//In Proceedings of the 2008 International Conference on Information Networking, [S. l.]:IEEE, 2008:459 – 463.

[16] Xi Y F, Yeh E M. Distributed Algorithms for minimum cost multicast with network coding[J]. IEEE/ACM Transactions on Networking, 2010,18(2):379 – 392.

[17] Tao S G, Huang J Q, Yang Z K, et al. Routing algorithm for network coding based multicast[C]//In Proceedings of 2007 International Conference on Convergence Information Technology, [S.l.]:IEEE, 2007:2091 – 2095.

[18] Yang Z Y, Li M, Lou W J. A network coding approach to reliable broadcast in wireless mesh networks[C]//In Proceedings of the WASA 2009, [S.l.]:Springer-Verlag, 2009:234 – 243.

[19] Yang Z Y, Li M, Lou W J. R-code: network coding based relia-

ble broadcast in wireless mesh networks[J]. Ad hoc Networks, 2011,9(5):788 -798.

[20] Koutsonikolas D, Charlie H Y, Wang Chih-Chun. Pacifier: high-throughput, reliable multicast without "crying babies" in wireless mesh networks[C]// In Proceedings of the 28th IEEE Communications Society Conference on Computer Communications (INFOCOM), [S. l.]:IEEE, 2009:2473 -2481.

[21] Gallager R G, Humblet P A, Spira P M. A distributed algorithm for minimum-weight spanning trees[J]. ACM Transactions on Programming Languages and Systems, 1983,5(1):66 -77.

[22] Benice R J, Frey A H. An analysis of retransmission system [J]. IEEE Transactions on Communication,1964,12(4):135 - 145.

[23] Bruneel H, Moeneclaey M. On the throughput performance of some continuous ARQ strategies with repeated transmissions[J]. IEEE Transactions on Communications, 1986,34(3): 244 - 249.

[24] Burton H O, Sullivan D D. Errors and error control[C]// In Proceedings of the IEEE, 1972, 60(11): 1293 -1301.

[25] Nguyen D, Tran T, Nguyen T, et al. Wireless broadcasting using network coding[J]. IEEE Transactions on Vehicular Technology, 2009,58(2):914 -925.

[26] Chi K K, Jiang X H, Horiguchi S. Network co-ding-based reliable multicast in wireless networks [J]. Computer Networks, 2010,54(6): 1823 -1836.